讓孩子翻轉人生的那張機票

——父與子闖大馬！數碼遊牧旅居╳國際學校留學

天航 著

目錄 CONTENTS

PART II：理科爸爸的實證育兒心得

PART III：大馬生活的體驗紀實

FOREWORD：出走的抉擇

LORONG PETALING 2

【緣起】

跟兒子一起說走就走！

——填鴨式教育的極致，兒子差點要去看精神科醫生……

那次小 H 只考七十多分，我在車廂裡對他發脾氣。

挨罵了一會之後，小 H 突然含淚抬起頭，漲紅著臉說：

「不如我去自殺好了！」

我受到極大的震撼，沒想到六歲的孩子竟有「自殺」的概念。

那一瞬間我就徹悟了……

「救命啊！兒子上小學之後，我晚晚都做噩夢！想不到在台灣讀書，比香港更辛苦……如果回香港讀書，有沒有便宜的國際學校推薦？我的預算是每年七萬……」

九月開學，十月初我就在群組傳訊息，向昔日的同學求救。

我兒子 Hugo（以下簡稱「小H」）在台灣唸小一、小二那兩年，令我飽受心理和生理上的煎熬，彷彿遊走於人世與地獄的邊緣。明明是他在讀書，但我覺得比起自己年少時準備 A-Level 更痛苦。

我這番心聲，應該也是無數家長的心聲。

朋友回覆：**「你以為我不辛苦嗎？在香港讀書，壓力也是好大……每次陪小朋友做功課，我都短幾年命……」**

另一個回覆：**「我兒子是所謂的『邊緣人』……上到小三，但課程對他來說太深，他根本應付不來……」**

我本來只是找朋友推薦香港的學校，想不到忽然變成了哭訴大會。家家有本難唸的經，嚇得我連冒汗的表情符號（😅）都不敢回。

當了爸媽的人都會明白，一旦有了孩子，自己的人生就會有翻天覆地的改變，每一天的時間總是奉獻給孩子。

當單親爸爸更是辛苦，既要賺錢又要顧孩子的學業，從早到晚都是忙亂和令人崩潰的事情。每晚等到孩子上床酣睡，才剩下那麼一丁點好好享受的私人時光（嗚，通常只是躺在床上滑手機～）。

台灣的小學叫「國小」，這只是個統稱。

明明幼稚園都是上一整天課，到了國小卻變為只上半天課（每逢星期二是全天）。這樣的下課時間，對家長來說是一大考驗。不像香港，在台灣僱用外籍女傭需要經過審查，申請資格是要有三名以上未滿六歲的子女。不過，我沒有這方面的煩惱，因為我根本請不起外傭。

小學開學第二天，我就接到班主任的電話，說小H欠交功課。開學沒多久，就要開始每週兩次的測驗（台灣稱之為「評量」），接著開始默書（台灣稱之為「聽寫」）。有人說只是小測，但每次的考試卷都是「A3、雙面、密密麻麻都是字」的題目，橫看豎看都是一份正式的試卷。

小H不怕測驗考試，怕的是高難度的默書。在台灣學中文，都要一併記住注音，而默書都要同時寫下漢字和音標。錯一個字，整句要罰抄兩遍，分數低於九十分的話，就要罰抄三遍……此謂「罰抄無雙」，即是通常要罰抄兩遍以上。有時候小H失手，一晚就要抄寫數百個中文字，等於一篇中學作文的字數。

考試頻密、功課多，辛苦的不只是孩子，父母一樣痛苦。

即使是在餐廳等菜的那一點時間，小H都要拿功課出來做。

無數個晚上，他一邊做功課，眼淚一邊掉落作業本。當他受不了，就會發狂大叫：

「**我討厭學校！我想燒光所有功課！**」

嚴師出高徒，雖然小H遇見好老師，中文的進步有目共睹，但我不得不擔心他的精神狀況。

星期二默書、星期三考中文、星期五考數學……每週都是這樣的循環，令我晚晚做噩夢。

最後經我統計，小H在台灣讀小學那兩年，總共經歷了三百多場測驗和考試，可說是身經百戰。

兒子讀書壓力大，父母又怎會好受？

某段時間，我曾經「自暴自棄」，嘗試不在乎兒子的成績。我告訴小H考試的分數不是那麼重要，結果很快我又接到班主任打來的電話。

「○○（小H的中文名字）爸爸，○○最近的週考成績只有七十多分，再這樣下去就要跟不上唷！我建議你要盯緊一點他的學業……」

那一刻我才知道，原來在小H的學校，合格分數不是六十分，而是八十分！他那一班的平均分居然是九十分以上，這樣的標準分數對台北市的國小生來說竟然尋常得很。

「你給我認真讀書好不好？否則就要送你去補習，像你的同學一樣，天天補習六個小時！明明那些題目你都懂，但你總是粗心大意，為甚麼會這樣的？」

我將八十分視為理所當然的合格線，要求自己的兒子考到八十分以上，否則就是比不上其他同學。

那次小H只考七十多分，我在車廂裡對他發脾氣。挨罵了一會之後，小H突然含淚抬起頭，漲紅著

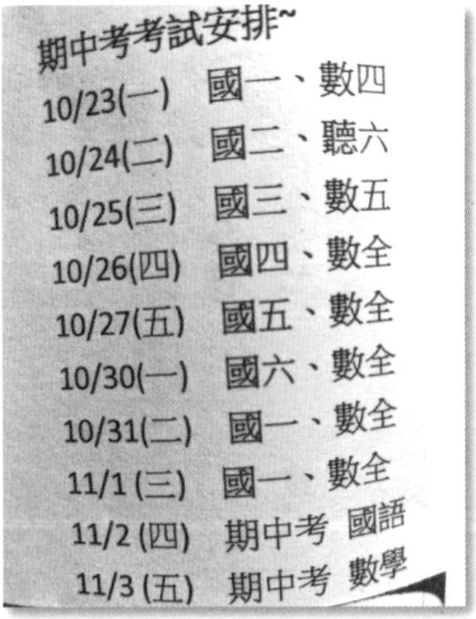

期中考考試安排~

10/23(一) 國一、數四
10/24(二) 國二、聽六
10/25(三) 國三、數五
10/26(四) 國四、數全
10/27(五) 國五、數全
10/30(一) 國六、數全
10/31(二) 國一、數全
11/1 (三) 國一、數全
11/2 (四) 期中考 國語
11/3 (五) 期中考 數學

小二期中考的考試安排，連考十天。

臉說：

「**不如我去自殺好了！**」

我受到極大的震撼，沒想到六歲的孩子竟有「自殺」的概念。

那一瞬間我就徹悟了——

有問題的不是我的兒子，而是這個教育體制。

做運動可以紓壓，對學童有極大的益處。可是在台灣，為數不少的學生為了成績，都會放棄參加課外活動，甚至放棄體育課，改為自修時間。

最恐怖的是大多數家長習以為常，覺得這樣苦讀才是正常。

我知道，新加坡、南韓、中國……都是大同小異的情況。在東亞地區這種重視成績的教育體制下，只有富人的孩子可以倖免。

——為甚麼育兒是一件痛苦的事？

後來我發現，這只是一種執著，一切都來自父母的選擇。

如果連自己都不快樂，孩子又怎會快樂呢？

於是，在小H升上小一不久，我萌生逃避的念頭，決意要改變現狀，帶他離開這種我個人不認同的教育制度。

見識了極致的填鴨式教育之後，我覺得香港的教育其實不錯，至少學生會有 SMART 的頭腦，不是只會死讀書。

回香港升學也是一個選擇，但我肯定小 H 的英語程度一定跟不上，因為他在台灣幾乎等於未學過英語。

在 WhatsApp 的聊天群組，中學同學聽完我訴苦，留言提及一事：

「我兒子有個同學的家長，大前年移居去馬來西亞，因為那邊的國際學校和生活指數都比香港便宜得多……」

「馬來西亞！」

這個前所未出現過的選項，如同靈光一樣出現在我的手機螢幕。

就像逃避現實一樣，每當我看見兒子讀書受苦的樣子，我就會在網上做資料搜集，考慮一下前往東南亞升學的可行性。

「為甚麼不去英國？」總是有朋友問我。

我的答案也總是兩個字：「沒錢！」

去加拿大和澳洲也是一樣，那邊的物價叫我吃不消，我又不想小 H 和寵孫的嫲嫲遙遙分隔兩地。

我純粹好奇，搜尋馬來西亞的國際學校，看完官網的簡介和設施影片，再看學費的價目表，真的覺得很心動。電腦室全是 Mac 機，校舍有游泳池和足球場……當地的屋租也比台北市便宜多了。

帶兒子前往馬來西亞升學，竟然是可行性最高的選項。不過，問題是我當時從未踏足過馬來西亞這個國家。問完朋友的意見，大多數朋友都給我灌輸負面的形象。

在二〇二三年的夏天，我帶著小H到馬來西亞參加夏令營，順便參觀當地的國際學校。

考察結果喜出望外，我發現馬來西亞是個嚴重被低估的國家，加上曾是英國殖民地的背景，這邊的國際學校主要採用英式學制。進可攻退可守，哪怕將來不適應，只要學好了英文，亦可以轉往香港的中學接軌。

我和小H約定，只要忍耐到小二畢業，打好中文的基礎，我就會帶他過去馬來西亞升學。

雖然當作家不是甚麼高薪的工作，但我的工作勝在夠自由，不受地域限制，即是所謂的「Work From Anywhere」。要是我用這樣的薪水，在高物價的地區生活，那我豈不是個大笨蛋？

在香港，我付不起國際學校的學費，但入讀馬來西亞的國際學校便宜得多，也不用買甚麼債券。只要我省下生活開支，拉上補下，又不用花錢補習，變相就是將學費化為現金回贈。

如果馬幣升值怎麼辦？我當然沒想得太長遠。

小H是Emily留給我的孩子，讓他來到這世上，就是讓他來玩的！

網上有人做過統計，80%的親子時光，在孩子十八歲前就結束了。一個人一生中，和父母共度的時間只佔5%。父母的話最能聽進心裡的時期，只有六至十二歲。全家能一起過暑假的機會，大約只有十二次。孩子不會等我們忙完才長大，每一天看似平凡的一天，其實都是一去不返的珍貴時光。

到了二〇二四年的夏天，我們變賣值錢的家產，只帶了一大一小兩個行李箱，就來到了吉隆坡闖蕩和展開新生活。

我抬起頭，牽著小H的手，看著高空的烈日大喊：

「**赤道就在我們的上方！**」

年輕時，像我這一代愛書人，都讀過三毛的《撒哈拉的故事》。三毛是台灣人，少女時期輟學，一度自閉和憂鬱，直到離開台灣，遊學西班牙和德國之後，她才成為一個獨立自信的大人。

有些人就是自由的鳥兒，不甘心受困在籠裡。

很多爸媽——尤其是像我這樣的單親爸媽——都會以為自己沒有選擇的權利。

但其實我們缺乏的只是勇氣。

只要有勇氣，我們就可以帶孩子出走，來一場說走就走的冒險。

這段跟小H體驗異鄉文化的旅居日子，將會成為我們父子共同擁有的特別回憶。

執筆之時，我倆已在馬來西亞居住了十個月。

移居海外就要面對大大小小的挑戰，有時候我甚至要依賴小H的幫忙（雖然只有八歲，但他的認路能力比我強）。

人生路不熟的生活啊！真的無時無刻充滿了變數，求生的過程就是成長的歷練，促使孩子變得獨立自主，比學習書本上死板的知識更加有意義。

趁著自己還未老，多看看這個世界，讓這些美好的經歷變成畢生的回憶，這就是我嚮往的人生。

哪怕繞了一大個圈子，最後還是要回香港或者台灣，我也教會了兒子甚麼是冒險精神，他永遠都會記得這一趟和爸爸共度的人生旅程！

PART I：

數碼遊牧旅居 × 國際學校留學

RELIGION
REFERENCE
NEW SAT
WATER
ACT
HACKS
NEW VIEWS
SNAPSHOT

【重啟人生新一頁】

尋找宜居之地！

——單親爸爸與兒子勇闖大馬，
數碼遊牧旅居、入讀國際學校……

下午四點，校巴抵達門口，未等司機拉開車門，

我隔著車窗，就瞧見小 H 笑瞇瞇的樣子。

「學校好好玩！上課超級開心！」小 H 興奮地說。

這是我從未聽過的答案，亦是我最期待的答案。

一直嚴重被低估的國家——馬來西亞

“

根據 Mercer 的報告，吉隆坡是全球少數兼顧低生活成本與高生活品質的城市。

★迷思一：馬來西亞好落後？

當我告訴朋友遷居去馬來西亞的決定，不少朋友都露出悲憐的表情，好像覺得我要去送死似的。

「馬來西亞好落後！」

很多朋友都勸我要三思。大多數香港人，他們對馬來西亞的印象都不佳，甚至頗為負面。有朋友繪聲繪色敘述他朋友的朋友遭遇打家劫舍的經歷，嚇得我滿腦子都是罪惡之城的畫面。

馬來西亞的總人口是三千五百萬，大約四分之一是華裔。馬來西亞的簡稱是「大馬」，而非「馬拉」或「馬來」。聽到後面這兩個叫法，不少大馬華人都會反感，因為在他們的心中，這樣的稱呼代表「馬來人」，抹殺了華人的存在感。

「你哋係唔係要去 KLCC？」司機一口流利的廣東話。

「沒錯，吉隆坡市中心，Kuala Lumpur City Centre。」我在後座繫好安全帶。

小H忽然插嘴：「吉隆坡有很多龍嗎？」他不懂「隆」字怎麼寫，因為讀音一樣，以為吉隆坡是吉「龍」坡。

二〇二四年是中國的龍年，在這一年的夏天，我帶著小H展開大馬考察之旅，第一次踏足首都吉隆坡。

我逛了一個又一個的大型商場，例如IOI City Mall和雙威金字塔，心靈一次又一次受到顛覆想像的震撼。

「茶餐廳？大排檔？酒樓？蛋撻奶茶？龜苓膏？鼎泰豐、DONKI、AEON……還有萬寧、屈臣氏……鴻福堂、李錦記……香港買得到的東西，這裡都買得到呢！」

「商場竟然比香港的更華麗？為甚麼會這樣的？」

「書局要排隊結帳呢……這邊居然有誠品和蔦屋？除了英文和馬來文的作品，還買得到中文書耶！」

這些都是我腦中不停浮現的想法。

每次陪我逛商場，小H都會喊累，因為在這邊逛商場的運動量，真的好比由太子走到尖沙咀。後來我查資料才知道，全球第三大和第七大的購物商場，原來都在馬來西亞。單是一個IOI City Mall，我和小H足足逛了三天才稍為厭倦。

待了一段時日，我發現這邊的美食多不勝數，把物價的因素算進去的話，生活質素絕對比香港和台灣更高。

「為甚麼馬來西亞有這麼多商場？」對於我的問題，大馬朋友想也不想就回答：「因為有冷氣！」答案原來這麼簡單。因為由早到晚都在商場裡打發時間，我和小H在大馬待了一個月，最後竟然沒有曬黑。

衣食住行各方面，馬來西亞都不會輸給香港。在性價比方面，馬來西亞更是有過之而無不及。要說「落後」的話，我覺得就是公共設施不如香港。

回到最初的問題：「為甚麼不少人對馬來西亞有負面的印象？」

我猜一切都是來自昔日的新聞，還有就是大家對東南亞的普遍感受。

有句成語叫「今非昔比」，我看見的也許是蛻變後的馬來西亞。**馬來西亞吸納外資發展經濟，廣設國際學校，我相信是下了一手好棋。再加上馬來西亞與新加坡的互利關係，新加坡贏了，馬來西亞也會跟著贏，兩者就像兩檔同步升跌的股票，想不發達也難。**

由於工資相對低廉，加上充沛的勞動力人口，近年新加坡也在馬來西亞設立數據中心，甚至連台灣半導體的封測產業也轉移到了馬來西亞的檳城。

讀過歷史的朋友都會知道，一個國家會因為成功的政策而欣欣向榮，也會因為錯誤的政策而步向滅亡。假如我跟大家說菲律賓在六、七十代年是全亞洲最繁榮的國家，應該沒有幾個年輕人會相信吧？

國家的興衰並不是一成不變。在未來二十年，東南亞將會繁榮起來，這就是我的預感。我會帶兒子過來讀書，也是要賭一賭自己的眼光。

★迷思二：馬來西亞治安差？

對香港人來說，最常去的鄰近國家是日本、韓國，似乎都對東南亞的地理感到陌生。

我當初選擇馬來西亞，地理位置也是原因之一。

馬來西亞與緬甸及柬埔寨的邊境並不接壤，中間隔著泰國，陸路並非直通，在我眼中就是天然的「屏障」。

二〇二五年初，鬧出了大陸演員王星被賣到KK園區的新聞，他就是在逗留泰國期間被拐走的。這也並非單純是泰國方面的問題，大多數國家只重視入境審查，出境則是寬鬆得多，即使美國和墨西哥也是一樣。人口販子因此有機可乘，鑽這個漏洞偷渡到邊界接壤的鄰國。

話雖如此，每次看見有男人被擄走的新

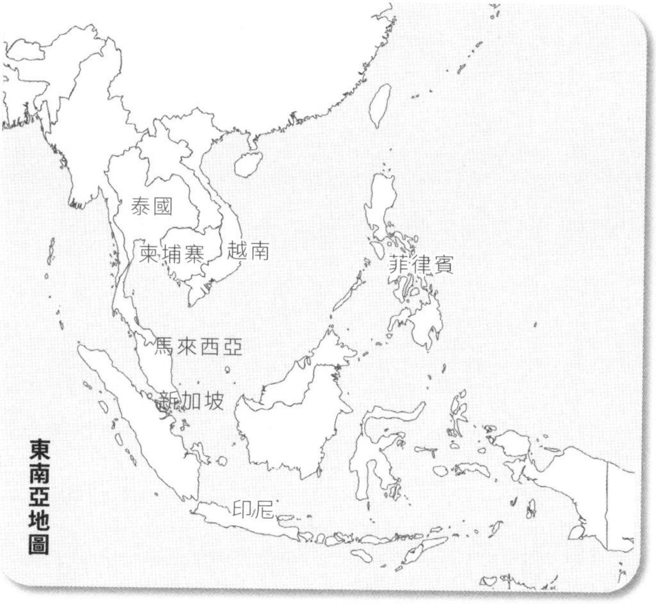

東南亞地圖

聞，我心裡都覺得毛毛的，為了尋求安慰，於是跟大馬的朋友聊起這樣的事。

「呵呵，不會在這邊拐人的，這樣做太麻煩了。通常是『賣豬仔』過去，或者自願過去的。」

朋友這番話是真的，我在網上找不到在大馬發生的拐人事件。換句話說，只要不去紅色警示的國家旅遊，我就可以安身保命。

談及大馬的治安問題，網上流傳這樣的說法：

「馬來西亞都只有小偷小賊，很少有大奸大惡之徒。」

搶東西和爆竊是很嚇人沒錯，但損失其實有限。我在台灣的時候，身邊有兩個朋友的父母受到詐騙，棺材本全被騙光，那種犯罪才叫慘無人道。要知道台灣曾榮登全球治安最好的地區，但台灣也是傳媒詬病的「詐騙天堂」，詐騙的案件排滿了法院的庭期。

初來大馬，我帶著小H，只敢在大商場裡活動。

「滿街都是小偷，我們要走快一點！」我故意說這樣的話，來讓小H提高警戒心。

有一次我不見了錢包，正當懊惱自己太疏忽，卻發現錢包是掉了在酒店的地板上。坦白說，縱觀我的一生，我錢包裡的錢很少超過港幣一千……就連手機，我都是買舊款的機型。因此，我需要擔心的是打劫我的劫匪會失望吧？

在咖啡店，我發現當地人放在桌上是新款的MacBook Pro，而我自己還在用二〇一二年出廠的MacBook Air。見慣了這種事，我終於明白過來，原來我才是其他人眼中的窮人，這樣的我很難成為賊人盯上的對象。

「馬來西亞的治安好不好？」這樣的問題，我問過好幾個大馬朋友。每當看見他們疑惑的表情，我都會補上一句：「我台灣那邊的朋友說的，他們都說馬來西亞常常有人搶劫。」

「哈哈！以前可能有，現在沒人做出搶劫這種笨事！大家都用電子支付，身上的現金都不多，搶劫的回報太低了。馬來西亞的壞人，都去〇〇園區做詐騙了，一騙就是幾百萬，勝做十年賊啊！」

朋友說得有道理，幫我突破了盲點。

我敢說，只要選對居住的地區，治安絕對勝過歐洲大部分國家。像我現在租住的公寓，由電梯口走到大門口，中途至少會遇見兩位保安人員。正門出入，乘搭電梯，必須使用門禁卡，這邊的公寓都有足夠的安全措施。

最近十年，馬來西亞政府注重公共安全，加大了警力的投入，犯罪率的確呈現下降的趨勢。**根據二〇二四年的「全球和平指數」（Global Peace Index），馬來西亞在全球主要國家之中排名第十！**真的是第十！難怪大馬藝人黃明志也大讚政府，治安方面的進步有目共睹。

說到底，出門在外還是要保持警戒心，好好保管財物和看好孩子。跟巴黎一樣，在吉隆坡的旅遊熱點，扒竊案往往較多。但在大多數小區，鄰里都會守望相助，並不需要過分擔心安全問題。

★迷思三：馬來西亞好多窮人？

吉隆坡是宜居的大城市，要找沒有游泳池和健身室的公寓，居然還有一定的難度。

「租金貴不貴？」每當有人這樣問我，我都會舉例說明：「在香港租一格停車位的月租，在這邊就租得到兩房以上的單位！而且還包兩個車位！」

要有高品質的生活，就要壓低生活成本。

根據 Mercer 的調查報告[1]**，吉隆坡是全球少數兼顧低生活成本與高生活品質的城市。**

Mercer 是世界最大的人力資源管理諮詢公司，也是世界最大的機構投資顧問公司，它的報告絕對有公信力吧？

賺得多不一定保證會有優質的生活。

將一個家庭的收入，扣除生活成本，這才是實際享受的勞動成果。

同樣根據 Mercer 的報告，二〇二四年生活成本最高的城市排名，全球前三名為香港、新加坡及瑞士蘇黎世。

像印度和南非這樣的國家，物價也不高，可是生活品質未必理想。

又要馬兒好，又要馬兒不吃草……而且沒有語言溝通的障礙，暫時我的清單上只有馬來西亞，馬來西亞正是世間絕無僅有的好馬。

香港是全球數一數二的富裕地區。對比香港人的整體資產，馬來西亞人當然拍馬也比不上。但馬來西亞人大都可以安居樂業，買車不貴，買樓也不貴，活得有尊嚴有品質——這裡不就是「平民窮人的天堂」嗎？

1 | Mercer 官網：https://www.mercer.com/zh-tw/insights/total-rewards/talent-mobility-insights/cost-of-living/

香港的朋友對我說過：「你去到馬來西亞會變成有錢人！」期望愈大，失望愈大。

當我聽到小H的同學家裡有幾畝地，我總是低著頭默不作聲。他的同學都是用正價買LEGO，而我們沒有特價就不買。幸福就是比較出來的，所以當我遇見瑟縮街角的流浪漢，我就會覺得自己的人生還算不錯（我不敢跟乞丐比較，因為有些乞丐的收入很高）。

我在香港吃飯，為了省錢，就連飲料也不想點……雖然我會羨慕那些點餐不皺眉的食客，但我在大馬生活，最滿意的一點就是餐點價格。

無論是街邊小販、夜市巴剎還是高級餐廳，吉隆坡都有令人滿意的美食選擇。

一間巷舖，一架流動餐車，一個大排檔的攤位，都可以滿足饕客的味蕾，再窮的百姓都有食福。

我遇見的馬來西亞人，當然也有愁眉苦臉的流浪漢，但大多數人的大多時候，臉上都是掛著無憂無慮的笑臉。

最暢銷的汽車都是本地品牌，家家都有游泳池，戶戶最少一千呎。不論有錢人，抑或是窮人，都是穿著大褲衩和涼鞋出門。在共同的信仰面前，眾生都是平等的信徒。

關於馬來西亞貨幣 RM

RM代表Ringgit Malaysia（馬來西亞令吉），國際通用的貨幣代碼是MYR，目前馬來西亞常用的紙幣有RM1、RM5、RM10、RM20、RM50、RM100等面額。

2024年至2025年間，馬幣對港幣的兌換率大約在1.65至1.85之間浮動，港幣100元大約等於馬幣170元。

馬來西亞窮不窮？

比起香港和新加坡，人均收入當然遜色得多，但這裡的人知足常樂，懂得何謂真正的幸福。

有人批評馬來西亞的政策「抑華」。當我了解到這個國家的歷史，細看種種前因後果，我不免感慨是無可厚非的定局。

根據《經濟學人智庫》在二〇二三年的民主指數調查，馬來西亞在全世界排名第四十，東南亞地區排名第一。這樣的事可能顛覆了大多數人的認知，我對馬來西亞的認識尚淺，不敢妄下斷言。但在我的眼中，這個國家有民主的種子，就有開花結果的機會。

明天會更好——

在馬來西亞綻放美麗的時刻，我們慶幸有緣與這片土地相遇。

哪怕有人不認同，我也要再說一遍：

「馬來西亞是嚴重被低估的國家！」

窮人也可以讓孩子唸國際學校

“

到外國留學，當然要了解不同學制的分別，本篇淺談一下 IGCSE 與 IB 學制。

友人是教育系博士，熱心推廣 STEM 教學。茶餘飯後，他發現小H是個好奇寶寶，便笑著說：「你有甚麼科學問題，都歡迎問我！」

當時六歲的小H立刻問：「原子彈是怎麼製造的？」

友人怔了一怔。

「這個有點複雜……哈哈，你還有其他問題嗎？」

「激光呢？你可以教我製造激光嗎？」

就當是老王賣瓜——自賣自誇。我這個兒子天賦奇想，滿腦子鬼主意，六歲開始最迷戀的東西是「炸藥」。在老師的眼中，他是個問題兒童，由於作文常常出現「炸藥」這種字眼，老師一度擔心他會變成恐怖分子。

「我的偶像是發明炸藥的諾貝爾。」

幸好小H懂得這麼說，才沒有被送去接受心理輔導。

以前白天的時候，我都過得提心吊膽，好怕接到老師的電話。

小H的求知欲很強，有時會反駁老師的話，很愛舉手搶答問題。這種性格在台灣讀書是很吃虧的，小H漸漸面對現實，在課室裡乖乖變得沉默，如坐針氈不敢亂動。

讀完陳美齡博士的《50個教育法，我把三個兒子送入了史丹福》，我深深感到佩服和認同。而全書讓我領悟到的重點，亦是最關鍵的一步，就是首先要讓小孩入讀國際學校。

——好想讓兒子唸國際學校啊！

這種近乎妄想的念頭在我的腦海扎根。

在台灣，金字塔的頂點是國際學校，同級或下一層就是私校。有台灣朋友跟我分享他帶兒子面試私校的心得，面試的第一條問題竟是：「你今天開來的車是甚麼車款？」

不只是他，其他人亦跟我說過類似的經歷，雙B車款是最低的要求。雙B即是「Benz」和「BMW」，在台灣要買這兩個品牌的名車，不論是一手或二手，價格都比香港還要貴。

那位面試官的立意是好的，他直接讓經濟條件稍遜的家長知難而退，總好過害到孩子因自卑而心靈受創。

私校的篩選標準已經這麼高，可以讓孩子入讀國際學校的家庭，當然是非富則貴的天驕子女。

截至二〇二四年，全台灣的國際學校僅有二十二間（真正通過國際學校認證的不足十間）。香港同期的數目超過五十四間，但台灣的人口大約是香港的三倍。

「你為甚麼不考慮香港的國際學校？」有朋友問過我。

「就算債券的金額減一個零，我也付不起啊……」我很希望自己是開玩笑，但偏偏是事實。

香港的國際學校令家長卻步，其實不是每個月的學費，而是數十萬起跳的債券。此外還有甚麼「建築費」，還有「交流費」，連買校服都動輒要花三千元……我只是個獨力養家的單親爸爸，祖先留下的遺產只有 $6.8，別說是交學費，生存對我來說已是難題。

天無絕人之路，這輩子我想實現的事情，我都不會輕易放棄。

馬來西亞共有超過一百六十間國際學校。

大多數國際學校集中在吉隆坡及周邊地區，總數還在不停增加。

這邊的國際學校不需要家長買債券。

學費豐儉由人，有的馬幣十多萬一年，有的三、四萬一年。即是預算港幣七萬一年，就可以實現入讀國際學校的夢想。

看來最不可思議的選擇，最後竟成為我的計劃。

問題已經不再是「要不要去馬來西亞升學」，而變成了「應該如何選擇國際學校」。

★ IGCSE、IB 是甚麼？

馬來西亞的國際學校有高價、中價和低價之分。高價和中價國際學校最大的差別，主要就是外籍教師的數量。

國際學校的主流學制有以下兩種：IGCSE 和 IB。

VS

IGCSE 與 IB 的分別

IGCSE	· 英文全寫是 International General Certificate of Secondary Education。 · 由英國劍橋大學創立的全球課程，專為 14 至 16 歲的國際學生而設，涵蓋文理商多個科目。 · 公開試在 5 至 6 月期間舉辦。 · 按成績分為 A*/A/B/C/D/E/F/G 和 U。 · IGCSE 畢業的學生，通常會銜接 A-LEVEL 的課程。
IB	· 英文全寫是 International Baccalaureate。 · 由瑞士奠定、全球認可的教育體系，涵蓋 PYP（小學）、MYP（中學）及 DP（大學預科）等課程，強調全面發展、批判思維與國際視野。 · IB (DP) 要求學生修讀六門學科，分別是第一語言、第二語言、個人與社會、科學、數學及藝術。評分依據筆試、內部評估及論文作業，滿分為 45 分。

IGCSE，打個簡單的比喻，即是等於香港昔日的 HKCEE 會考。選修的科目也是大同小異，對於有會考經驗的家長來說，將來也可以幫助孩子準備考試。考完 IGCSE，就要選修三至四門學科，挑戰 A-Level……真的就是我這一代老家長熟悉的升學模式。

近年香港的家長開始熟悉 IB，即是現時全世界認可性最高的「國際文憑考試」。課程強調綜合能力與研究精神，正是現代精英需要具備的特質，IB 的高材生往往成為國際一流大學的寵兒。由於 IB 的學習模式跟大學生相似，所以 IB 成績卓越的學生，升上了大學應該也會有優秀的表現。

文理兼修，全人發展，這就是 IB 的要旨。

特別是 IBDP（大學預科）的兩年，學生為了應對大量的作業與考試壓力，就要培養出良好的時間管理能力。

馬來西亞的情況跟香港一樣，有些學校是一條龍全部年級採用 IB 課程，有些則是讓學生到了中學才轉向這條軌道發展。

★ IGCSE 和 IB 之間要怎麼選呢？

最簡單的選擇方法，就是看看孩子是專才還是全才。

如果孩子是專才，譬如數學或某一門理科特別厲害，到了 A-Level 就會有很大的優勢。此外，IGCSE 的評分主要是筆試，擅長考試的學生將會非常有利，針對個別學科補習也比較有成效。

但如果孩子在語言方面的表現優秀，又有口才的話，IB 可能是較為適合的選擇。因為 IB 需要學習兩門語言，而且除了筆試，還有內部評估（如實驗報告、口試等）以及外部評估（如論文、作品集等），真的要求學生練出面面俱圓的綜合能力。

考完 IGCSE 的學生，可以選擇繼續進修 A-Level，或者轉到 IBDP 的軌道。要在 IBDP 獲取高評級的難度，可是高於 A-Level，因此 IBDP 比較適合勇於挑戰的學生。

假如目標是歐美最頂尖的學府，IB 的高分成績可能更具競爭力。不過，假如目標是英聯邦國家的大學，反而是 A-Level 比較有優勢，A-Level 始終是由英國人所創的課程嘛！

家長也不用擔心幫孩子選錯，因為殊途同歸，只要孩子是讀書的材料，最後必定考得上好大學。國際學校只是讓你的孩子獲得一張入場券，將來參加國際認可的升學考試。

★ 不藏私的選校心得分享

陪兒子來馬來西亞升學之前，我做了很多功課，如果志同道合的家長也想過來考察學校，歡迎大家直接參考我的「標準答案」。

① 學制／課程

IGCSE 或 IB 是主流的選擇。

另外也有加拿大課程、澳洲課程和美國課程……除非有特別的偏好，否則我一律建議選擇主流。非主流就是限制了後路，孩子一旦不適應，要轉校將會很麻煩，未必會有更好的選擇。再者，無論是 IGCSE 或 IB，將來都可以返回香港接軌。

② 公開試成績

全校整體考生的奪A率，以及C級以上成績的百分比。

IGCSE 的成績可與英國本土的 GCSE 成績做比較，只要是高於英國的平均值，那就稱得上是好學校。

如果公開試的成績極端地高，就要注意學校會不會透過「篩選」的方式，只派優秀的學生去參加考試，以此拉高整體的平均分數。

③ 畢業生升讀的大學

道理很顯淺，如果學校有人考進了劍橋和牛津大學，那就代表你讓孩子在這所學校讀書，就同樣有機會實現這樣的夢想。

不過，就算在吉隆坡 Tier 1 的國際學校，每年僅有數名學生能考進劍橋和牛津，所以家長也不必太強求，抱著一線憧憬和希望就夠了。

④ 國際學生的構成比例

國際學校的學生主要來自哪些地區？這當然是一個值得重視的指標。近年除了中國，韓國和日本的學生都會選擇到馬來西亞升學。由香港過來的學生只屬少數，台灣的學生更是稀有。

當然也會有來自歐美和東南亞諸國的學生，像小H在學校最要好的朋友，他的爸爸就是緬甸的「香蕉大王」。

⑤ 校內設施

設施愈好，學費當然愈貴。

我認為足球場和游泳池是不可缺少的設施。

圖書館的藏書，電腦室的設備，對我來說也是重要的考量項目。

參觀期間，亦要注意校外的環境。我曾看見有一間國際學校的正面是油煙衝天的大排檔，雖然不會影響學習，但我個人就是不喜歡，這樣的事就當是我迷信風水吧！

⑥ 學費

不一定是愈貴愈好，有些學校門面堂皇，接待團隊強大，我去參觀的時候，竟然有參觀地產項目的感覺。有錢的土豪就愛這一套，但我的偏好是低調的學校。好學校不愁沒人讀，自然不必花太多錢打廣告。

⑦ CIS 認證

全寫是 Council of International Schools（國際學校委員會），這是一個全球性的非營利組織，致力於提升國際學校的教育質量。這個認證的標準涵蓋：教學質量、課程設置及學校管理等相關項目。在此建議考慮有 CIS 認證的學校，這代表其教育品質獲得國際認可。

要考察馬來西亞的國際學校，除了參加教育展，亦可以在旅遊大馬期間參觀。一定要提早預約，貿然到訪的話，人家可是不會理你！

參觀學校的時候，學校都會派出專員接待，不會收取任何服務費。

最適合參觀的時間是學校的 term break，即是聖誕節、復活節和暑假。此外還有不定期舉辦的 open day，如果家長對某間國際學校感興趣，不妨關注該校的 FB 專頁，留意相關消息（這邊的學校都很重視 social media）。

★要準備多少錢才夠？

馬來西亞的法律有規管，學校的網站必須詳列學費。

以我的經歷來看，學校的收費確實透明，雖然會有一些雜費，確實沒有甚麼大額的隱藏收費。

學費的高低主要反映在師資，國際學校僱用的外籍教師愈多，羊毛出在羊身上，學費當然較貴。

以當地的標準來看，馬幣四至六萬一年的學費屬於中階，已可以找到一大堆不錯的國際學校。至於高階的國際學校，一年的學費超過馬幣八萬（約港幣十四萬）……話說回來，如果付得起這樣的學費，留在香港讀書就可以了，為甚麼要過來呢？我相信學生簽證有配額，機會還是留給我們這些比較窮的家庭吧！

假如錢不是問題，當然可以考慮貴族級的國際學校（裡面真的有貴族），不過這些學校未必會幫你辦簽證，要獲得錄取也不是簡單的事。

請參考下一頁兩個列表，簡介了馬來西亞國際學校常見的收費項目。

馬來西亞國際學校常見的收費項目

面試費 Application Fee	申請面試的行政費，錄取與否都不會發還，但一般不會太貴，公價是 RM1,000 至 RM2,000。
註冊費 Registration Fee	如果成功錄取，就要支付一筆登記入學的註冊費，金額因校而異，公價是 RM6,000 左右。
按金 Deposit	常規是預繳一個學期的學費作為就讀期間的按金。將來畢業，或者中途離校，這筆錢將會返還（須注意相關條款，如果離校，通常要提早一個學期通知）。由於國際學校的學費按年遞增，校方可能每年要求家長補繳差額。
學費 Term Fee/ Tuition Fee	學費，在每個學期開始前繳交，亦有可能年繳或月繳。 英式學制的話，一年會分為三個學期，學齡會以 9 月 1 日為分界線（9 月 2 日出生的學童是最大 B，9 月 1 日出生則是最小 B），這一點與香港是不同的。全年學費超過六萬馬幣的外籍學生，需要繳交 6%的銷售與服務稅。
建築費 Building Fund Fee	雖然不常見，但有些學校會收取「建築費」。
書簿費及校服 Textbooks & Uniforms Fee	一台 iPad 在手，取代了所有教科書。老師給功課，都是派工作紙，所以書簿費幾乎是可忽視的費用。 校服的價格都是合理的，絕對沒香港的情況那麼貴。
科技費 ICT Fee	可以當成各種教學 APP 的訂閱費。一般來說不會很貴，每個學期大約幾百塊。

一些學費以外的雜費

學生簽證及陪讀簽證 Student Visa & Guardian Visa	學生簽證和陪讀簽證（或稱「家長簽證」）是分階段申請的，校方會有專人協助，代辦的手續費是按人頭計，一人 RM700 至 RM1,000，每年皆要支付。首次申請的時候，要繳付一人 RM1,000 的按金（官方名稱是 BOND），這筆錢是由入境署保管的，將來離開大馬可以返還。
醫療保險 Medical Insurance	外國人在大馬生活，都必須購買當地的醫療保險。最便宜的保險 RM200 就有交易，但不怕一萬只怕萬一，要住最好的私家醫院的話，建議購買 RM800 以上的保險（大人的保費大約貴一倍）。
校巴費 School Bus Fee	如果需要校巴服務，當然要用者自付。每日來回接送，合理月費範圍是 RM400 至 RM600，視乎校巴的豪華程度而定。
餐費 Meals	午餐的費用，每餐大約 RM10 都算合理。
課外活動 Co-curricular Activities	學校通常會提供一些免費的課外活動，但如果僱用外面的老師，就會收取額外的費用。此外，如果孩子成功考入校隊，可以為校爭光，學校當然免費。
校外教學 Field Trip	每個學期舉辦一次的活動，這邊的行程都很樸素，應該不會乘搭飛機，所以只是兩百塊以內的小錢。
平板電腦 iPad	一定要有 iPad 才能上學。買最便宜的型號就夠用，小孩摔破也會將損失減到最低。

林林總總的費用加起來，雖然也不是小數目，但以我過來人的經歷所看，來到大馬這邊省下的生活費，應該可以抵過學費方面的開支。孩子唸的可是國際學校！

在香港的話，這樣的事可是奢望呢！

數碼遊牧帶來的度假式育兒生活

“

生活不只一條路！就試試將自由工作業、單親家庭的弱勢，轉換成優點吧！

漫長的暑假過去了，小H穿著全新的校服，揹著「Minecraft」的綠色書包，一頭鑽進了校巴。這架校巴是白色的，像極了救護車，裡面坐滿了跟小H年紀相仿的小孩。

當我目送校巴離開的一刻，興奮得振臂高呼：

「由今天開始，我自由了！」

自由了！

這就是我主張的「WFA（Work From Anywhere）度假式育兒生活」，YEAH！

雖然COVID-19為世人帶來了災難和極大的麻煩，但這場世紀大瘟疫也改寫了所有人的工作模式，人人開始意識到遙距工作的可能性，更因此產生了「數碼遊牧」（Digital Nomad）這個動聽的稱號。

事實上，我由二〇〇五年已經開始WFA的遙距工作生活。

「到處去流浪，追隨風兒跑。」

這是我一出道就刊登的個人簡介。

我天生就有遊牧民族的血統。如果在前一個世紀，我可能只是個居無定所的流浪漢。邁入全面電子化的二十一世紀，像我這種人搖身一變，就是「數碼遊牧自由工作者」。

在「數碼遊牧」這一方面，我自問有資格成為權威，而我的主張是抱著度假的心態生活！跟自己的小朋友一起遊戲人間！只要身處在生活環境要用到英語的國家，小朋友透過沉浸式學習，英語能力絕對會進步。

★ WFA 度假式育兒生活

我的做法是利用家長身分申請「陪讀簽證」（Guardian VISA），由一個物價高的地區，搬遷到低物價的地區生活，享受因為這個差距而提高的生活品質。

疫情後，通貨膨脹蹂躪全球，生活成本壓得人人都駝背了幾寸。沒法在惡性競爭的資本主義社會提高收入的話，那就要想辦法來提高每一塊錢所能帶來的生活享受。

舉個香港人熟悉的例子來說明好了——近年北上消費，也是提高生活質素的方法。這就是經濟學的道理，唯有這樣做，才能 maximize 自己的 quality of life。

要做到這一點，首先是去一個物價相對低廉的國家。

這個國家要夠國際化，要有國際學校，既有美食又有娛樂，兼且要語言相通，最好當然要近香港。環顧東南亞諸國，馬來西亞符合我的要求，理所當然成為我的選擇。

★單親家庭也可以是優勢

我再重申一次：

「**去馬來西亞升學可能只是一個中途站，整件事充滿未知之數和挑戰性，將來我可能會『見異思遷』**。」

只要小H學好英文，到時讓他回去香港升學也未嘗不可。總之，我需要的是一步「進可攻退可守」的活棋。

既然我是個數碼遊民，我要考慮的就是如何發揮這身分的優勢。

在台灣讀書太辛苦了，連累爸媽也身心疲憊。

我開始苦思脫離困境的方法。

反思作家這一份工作，雖然不是高薪的職業，卻有兩大好處：

1．可以遙距工作 Work From Anywhere

2．收入始終是發達地區的收入

然後我又檢討自己的特殊身分：

3．單親家庭帶孩子

這是很大的弱勢，即使在「最美麗的風景是人」的台灣，單親家庭也不會得到太大的支援，社會沒有補助，學校的老師也不會特別關照。

既然不幸已成定局，我除了認命，還可以怎樣呢？但我偏偏就是不想認命，要想法子脫離苦海。

——我要如何扭轉這樣的弱勢呢？

窮則變，變則通。我想遍了所有可能性，終於有了答案：

「這就是去物美價廉的東南亞地區升學以及生活！」

有一點要強調的是，雖然馬來西亞的物價便宜，但生活質素絕對不輸香港和台北。

因為美元強勢，眾多東南亞的貨幣變相貶值，因此現在來馬來西亞這邊讀書，學費等於大特價打折，對我來說是千載難逢的機會。想深一層，馬來西亞的東西並不是特別便宜，只是因為貨幣貶值帶來的影響，我們香港人帶著港幣來花錢，才會從中佔到便宜。

不過要像我這樣在馬來西亞陪讀，有一個很特別的先決條件——單親家庭。因為陪讀簽證只會發給父母其中一方。至少馬來西亞和泰國是這樣，我相信其他國家也是大同小異[1]。

沒錯！

單親家庭是「缺點」，我卻將它變成了「優點」！

如果是離婚媽媽有贍養費，其實也可以用這一招來陪讀，享受異國的度假生活。

1 ——基本原則是一個孩子只能辦理一個陪讀簽證名額。不過近年馬來西亞的政策有鬆動，如果有兩個及以上的孩子，父母雙方均可辦理陪讀簽證。

對古人來說，搬家是很難的事，因此才有「孟母三遷」的說法。在今日的社會，為孩子的學區搬家，甚至全家移民外國，已不再值得大驚小怪。

父母沒必要為孩子犧牲人生。

而因為孩子，我才可以體驗不一樣的人生。

也是因為小H，我才可以申請陪讀簽證，才得到這個來到馬來西亞生活的機會。這個簽證只允許父母其中一方留下來陪讀，通常是發給母親，但馬來西亞近年調整政策，有考慮到單親爸爸的情況，因此也會批准像我這樣的申請。

謝謝馬來西亞，接納我這樣的數碼遊民，讓我可以帶孩子來探索這片嶄新的大陸。

★唸國際學校真的免除很多煩惱

回想小H第一天在馬來西亞開學，我整天都是惶惶不安，甚至胡思亂想，擔心他在學校會受到排斥和欺負。

下午四點，校巴抵達門口，未等司機拉開車門，我隔著車窗，就瞧見小H笑瞇瞇的樣子。

「學校好好玩！上課超級開心！」小H興奮地說。

這是我從未聽過的答案，亦是我最期待的答案。

即使是國際學校，還是一樣有功課和考試。只是小H都是用「玩」的來完成功課，打開iPad，登入網頁，接受「每天的挑戰任務」。有時看他為了升級打敗怪獸，自顧自不停做英文語法的選擇題，我也覺得這樣的學習法很有趣。

明明是同一樣的事情，轉變了學習的方法，心態也會隨之改變。

「你在馬來西亞讀書開不開心？」

每當有親友問小H這個問題，他都是笑著回答「超級開心」四個字。昔日在台灣的日子，每晚都要背書和做功課，常常忙到晚上十一點，這樣過日子又怎會笑得出來？

就像玩遊戲一樣，在「地獄難度」修練了兩年，現在改玩「天堂模式」，對小H來說當然得心應手。

而且在一個不需要激烈競爭的環境，他很快就交到了朋友。

「你的新朋友是講捲舌音的普通話嗎？」

「甚麼是捲舌？」

小H不懂，當我解釋清楚，他才點了點頭。台灣腔是不捲舌的，很明顯就會聽出差別。應該是中國某省的人吧？我叫小H問清楚，沒想到居然是緬甸人！而同學的爸爸是「香蕉大王」，最令同學媽媽頭痛的事情，就是三個孩子都有蛀牙……我立刻叮囑小H：「吃完香蕉，一定要刷牙！」

不知是否小班教學的關係，老師常常寫電郵給我，分享小H的學習情況。昔日的填鴨式教育也是有意義的，小H天天交齊功課的好習慣，竟然也影響了其他同學。老師不吝讚美，都給學生正向的鼓勵，這就是心理學上的「正向強化」(Positive Reinforcement)。

何苦要苦著臉讀書和做功課呢？

學習應該是一個快樂的過程！

我相信，小孩自小跟著父母往世界闖蕩，體驗其他國家的生活方式，不僅可以拓展視野，也可以提高適應變化的能力。

★給自己和孩子的悠長假期

有一句解釋「甚麼是旅遊？」的話令我很有共鳴：

「**從你住膩的地方，去別人住膩的地方。**」

假如你對現時的生活感到不滿，不妨轉變一下環境。

不要怨天尤人，不要怪責自己，更千萬不要歸咎於孩子。

與我同代成長的朋友，應該都看過木村拓哉主演的《悠長假期》。這齣日劇與度假毫無關係，片名《悠長假期》，意思是那些「人生的低谷」。男主角是不得志的鋼琴家，編劇借他之口，道出全劇的主題：「**人總有不順利、疲倦的時候，在那種時候，我就把它當作神賜的假期，不必勉強衝刺，不必緊張，不必加油，一切順其自然。**」

假如你跟我一樣，曾在育兒的過程中遇到挫折，不妨也跟我一樣，給孩子和自己「放一個長假」。又假如你的孩子每天放學，都是愁眉苦臉的樣子，也是時候要讓他離開跑道休息一下。

這種放假是心靈上的放假，不是純粹消費的放肆。

不必顧慮太多，放完假歇夠了，還是可以回去原來的生活。也許本來即將脫軌，有了假期這段緩衝期，一切就會重回正軌。

放假一樣可以工作，甚至在網上開拓自己的事業。

作家這個職業，必須要有自律的生活作息，就像練馬拉松一樣，每天都要打開筆記本或者筆記本電腦，無論如何都要寫滿一頁。

跑馬拉松辛苦嗎？

辛苦！但很多人都會上癮，因為這是一種快樂的辛苦。再慢也好，也要有進度，才可以抵達終點。

天還未亮，我就出門，成為首批到酒樓的顧客，喝完早茶，便轉場到咖啡店開始工作。早出而（創）作，日落而歸，雖

然過得像個老頭子一樣，但我一輩子從未試過這麼健康。

只要敢想敢做，人生就有無限的可能性。

坦白說，未來尚是充滿未知之數，現在我仍是摸著石頭過河，過一天算一天，走一步算一步。

我不知道這樣的計劃是否可以順利進行，也不確定會否有個美好的結局。

就算失敗了，我相信也是很有意思的人生體驗。

至少我肯定小H的笑容是真摯的。

一句廣為流傳的名句，常被認為是披頭四樂團（The Beatles）主唱約翰·連儂（John Lennon）所言：

「五歲的時候，媽媽告訴我快樂是人生的關鍵。上學以後，大人問我長大後的志願是甚麼？我寫下『快樂』，他們說我沒弄懂題目，我告訴大人是他們沒弄懂人生。」

可以讓小H接受快樂的教育，我又可以過得寫意自在，天天喝得到便宜美味的咖啡，暫時來說，我真的很滿意這樣的生活。

活在當下，遊牧人間，享受每一天。

好好陪伴孩子，明白孩子真正的需求，也嘗試和自己的心靈對話。

這才是育兒應有的態度，對不對？

・補充資料・

假如你也是WFA但並不符合陪讀簽證的資格，那麼你可以考慮申請「數碼遊牧簽證」。

馬來西亞的「數碼遊牧簽證」正式名稱為「DE Rantau Nomad Pass」，於二〇二二年十月一日由馬來西亞數字經濟機構（MDEC）推出，旨在吸引全球數碼遊牧者前來馬來西亞生活和工作。該簽證的有效期為十二個月，持有人可選擇續簽一次，再延長十二個月。

“

實地考察大馬生活，踏上貴族國際學校的草皮！

★馬來西亞極簡近代史

在飛機的機艙裡面，小H坐在我的旁邊。

我們乘搭的是廉價航空，雖然提早選座要加錢，但為了好好陪伴孩子，我再窮也不會省這樣的錢。

二〇二三年的夏天，不只是小H，連我也是第一次踏足馬來西亞。我為小H報名參加了三個夏令營（Summer Camp），預期要逗留二十五天。

由香港直飛吉隆坡，航程是四個小時。

廉航要配得上廉航的稱號，機內當然沒有任何娛樂設備。眼見小H無所事事，又不肯做英文的補充練習，我便跟他分享知識。

「你知道嗎？馬來西亞是有國王的！」

「國王？國王會殺人嗎？」

這小子又胡說！我笑歪了嘴，早知道不給他看《哈姆雷特》，現在一提到國王，他都會聯想到血腥的事。

「馬來西亞不只有國王，而且有九個王室！九個王室有九位繼承人，每隔五年開會投票，輪流當國王，過了五年又換人當。哈哈，馬來西亞人都愛叫國王做『Agong』，譯成中文你知道是甚麼嗎？」

「Agong？」

「對，就是『阿公』。」

我笑著說，這真是個意韻俱全的妙譯。

小H沒經歷過香港的英治時代，一個國家有王室，對他來說是值得稀奇的事。有國王，就有王子與公主，聽起來真的是童話一般的事情。

馬來西亞一共有九個王室，大部分州屬的王室領袖都叫「蘇丹」（Sultan），這個頭銜來自阿拉伯語，意思正是「最高統治者」。這些州的統治者不只是自己州內的大王，還有機會成為全國的最高元首（馬來語是Yang di-Pertuan Agong，簡稱「國王」）。就在二〇二四年，柔佛州的蘇丹伊布拉希姆登基，出任馬來西亞第十七任國家元首。

我以文人自居，來馬來西亞之前，當然要補習一下歷史。小H對這種題材最感興趣，好奇心來了，就會打破砂鍋問到底。

「很久很久以前，在一個天氣熱到可以煎蛋的熱帶地區，住著一群原始的民族，種田的種田，捕魚的捕魚。然後有一天，外星人……不，是外國人來了！最早來的是中國的鄭和，不過他買一買香料就走了。接著是葡萄牙人來了，一五一一年佔領了馬六甲，趕走了國王，自己當老大。」

我看著手機開啟的文件，繼續向小H說故事：

「對了，以前的馬來西亞未合併，分為一個個王國。在大航海時代，這些王國淪為一個個地盤，到了一六四一年，荷蘭船隊就來了搶地盤，把葡萄牙人打回家鄉。結果英國人更狠，一八二四年由荷蘭人手上奪得了主權，一口氣吞併了整個馬來半島，全部變成英國的殖民地！情況就跟香港一樣。」

說到這裡，我不禁感慨馬來西亞和香港有著相似的歷史，心生一種百年滄桑之感。

「英國人開了很多橡膠園和錫礦場，還從中國和印度找來勞工……哦！這不就是『賣豬仔』嗎？難怪馬來西亞有這麼多華人和印度人。二戰時期，日本人曾侵略馬來西亞，後來戰爭結束，英國人回來，再也阻擋不了民族自決的世界浪潮……經過抗爭和奮鬥，馬來西亞終於在一九五七年八月三十一日獨立，這一天也成了國慶日。之後其他州分加入，合體變成馬來西亞——就是現在的馬來西亞。」

故事到這裡完了，背後還有一段小插曲，就是新加坡本來是馬來西亞的一部分，卻在一九六五年獨立成國（本來是馬來西亞放棄的地方）。

馬來西亞分為西邊和東邊，即是「東馬」和「西馬」[1]。馬來西亞共有十三個州（States）和三個聯邦直轄區（Federal Territories）。各個州屬大部分都有自己的政府和統治者，而聯邦直轄區則由中央政府直接管轄。

東馬與西馬的最大差別，就是東馬並沒有王室。大多數旅客最熟悉的吉隆坡，屬於聯邦直轄區，所以也是沒有王室的。

說著說著，機艙內響起即將降落的廣播。

1 —馬來西亞華語規範理事會曾建議改稱「馬來半島」及「沙砂」，停用「西馬」、「東馬」的稱呼，但民間與傳媒依舊使用。

馬來西亞十三個州及三個聯邦直轄區

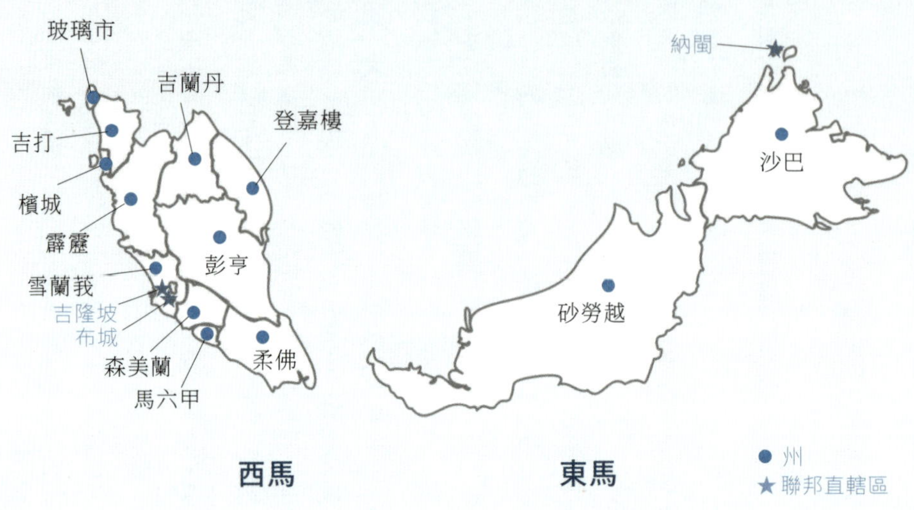

● 各州中英名稱對照

柔佛州：Johor
吉打州：Kedah
吉蘭丹州：Kelantan
馬六甲州：Melaka (Malacca)
森美蘭州：Negeri Sembilan
彭亨州：Pahang
檳城州：Penang (Pulau Pinang)
霹靂州：Perak
玻璃市州：Perlis
沙巴州：Sabah
砂拉越州：Sarawak
雪蘭莪州：Selangor
登嘉樓州：Terengganu

★ 三個聯邦直轄區（3 Federal Territories）

吉隆坡：Kuala Lumpur
布城：Putrajaya
納閩：Labuan

★全馬學費最貴的貴族國際學校

時間回到二〇二三年，我搜遍了全亞洲的夏令營活動網站，再打開試算表細算之後，我發現在馬來西亞參加夏令營是最超值的體驗。

就這樣，忙完香港書展，我就帶著六歲的小H出發，乘搭單程票價人均港幣七百元的廉價航空，飛向亞洲的東南方。

為甚麼要去馬來西亞參加夏令營？

答案還是那兩個字：

沒錢！

我當然也想去歐美，但單是兩張機票的票價，已經超過這趟馬來西亞全部行程的費用。小H轉眼就會長大，一生只有一次童年。再窮也要去遊學，就是要創造出只屬於父子倆的難忘回憶！直接用行動喚醒孩子的冒險魂！

第一個參加的夏令營位於新山。

住過新加坡的朋友，應該都熟悉新山這個城市（雖然同是「新」字為首，但新山的官方名稱是Johor Bahru）。如同香港和深圳之間的關係，新山人過境前往新加坡工作，新加坡人也會北上到新山消費。

我試過站在對岸觀測，有信心只要抱著救生圈，就可以在一個小時之內游泳到新加坡（⚠**非法偷渡到新加坡，刑罰是坐牢六個月加三鞭**）。

國際學校有兩段比較長的假期，分別是聖誕至新年及七月至八月，即是西方的寒假和暑假。這時候有些國際學校為了營利，都會出租校園和校內設施，讓外面的教學團體舉辦冬令營和夏令營。

夏令營的第一天，上車之後，我問小H：「你知道我們要去哪裡嗎？」

不知是有所誤解，還是發音不準，小H回答：「雀仔學校？」

我立刻糾正：「不！你是去『國際學校』參加夏令營！」

我看出車窗，「Marlborough College」的告示牌出現了。這間國際學校是海外分校，英國的原校是英國王妃 Catherine 的母校，有資格進來唸書的學生，必定是冥界最強的投胎專家。

因為參加夏令營，我才有機會到訪傳說中的貴族學校。另外要特別感謝那位粗心大意的司機，全靠他開錯路，我們才有機會在校園內繞圈子，透過車窗看見高爾夫球場和馬場……聽說這是學校為學生提供的課外活動。駛了五分鐘，車子才抵達校園的側門。

雖然我只有資格踏足這間學校的草皮，並沒有真正參觀課室，但我已經感到心滿意足。

在新山，另一個目的就是「樂高樂園」。課餘時間，小H也體驗了騎馬、卡丁車、按摩椅、雷射槍戰……每天都過得好充實。我本來想去參觀新山著名的「森林鬼城」，可惜小H怕鬼，只好打消這個念頭。

離開新山之後，我和小H前往吉隆坡，準備參加第二及第三個夏令營。

第二個夏令營的主題是 STEAM，朝九晚三，包教材、包伙食，大約 HKD170 一天——真的好便宜，這個價錢果然出事了。

小H一下課，語氣相當激動，睜大眼說：「爸爸，吃午餐的時候，你猜我看見甚麼事？所有同學都衝上去搶飯吃，同學們還打架呢！我只吃了幾口飯，還有半碗湯。現在我肚子好餓啊……」

似乎是主辦商省錢惹的禍，伙食不夠，結果釀成「饑饉午餐」的局面。

我相信旅途中的意外，都是給孩子磨煉心智的機會。我對小H說：「弱肉強食的道理，你是不是開始明白了？明天你要加油搶食物，不要輸給這裡的小孩啊！」

丟他在一個陌生的環境，看他能不能適應和生存，這就是老爸給他的挑戰項目。

第三個夏令營的學費稍貴（約 HKD340 一天），伙食果然好一點，小H終於不用挨餓。

我覺得小H在旅程中大有成長。

在這三個星期學到的英文，遠遠超過小H在小一全年學到的英文。最重要是讓他訓練出自信，不怕和當地人說話。這一切的經歷，都對他半年後再來大馬赴考國際學校，起了很大的正面作用。

★性價比無與倫比的住宿

要陪孩子遊學，住宿費往往是最大的開支項目。

我可以發出負責任的宣言，馬來西亞四星級以上酒店的性價比，在環球的排名絕對是數一數二。

一家大小來吉隆坡度假的話，AirBNB 也是不錯的選擇。

因為近年興建的新公寓都是流行「無邊際游泳池」，不少公寓的會所設施比老舊的酒店還要好。要是想省錢省到盡的話，可以在公寓裡做菜，或者租借燒烤爐來辦一場「外國月光下的 BBQ」（燒烤爐是這邊公寓常見的設施）。

有朋友在吉隆坡這邊炒樓，讓我知道這邊的裝修費很便宜，因此大多數家居的裝潢都很有美感，再差也有個譜。不過，用來出租的單位，家具可能都是便宜貨，我曾坐爆了一張木凳，當時小 H 還嘲笑「爸爸好胖」，後來才證明是木材的問題。

位於吉隆坡熱門地點的服務式公寓，房價一晚也不會超過 HKD200。不過要注意這是淡季的價錢，一旦到了旺季，租金有可能翻倍。此外，與酒店住宿不同，AirBNB 要另外支付一筆「清潔費」，所以要住五天以上才比較划算。

不管住酒店，還是住公寓，最好選擇鄰近一線大型商場的地點（關於吉隆坡各大商場的評級，詳見本書 p.217）。

這邊大商場的營業時間，一般來說是朝十晚十（10AM 至 10PM）。

夏令營的下課時間是三點鐘，即使放學後才去商場，也可以盡情逛七個小時。假如孩子和家長都愛玩的話，就可以安排燃燒生命式的旅遊行程，讓孩子在乘車的時候小睡，一下車就盡情放電。

只要請到一個禮拜的假期，就可以帶孩子來大馬參加夏令營，順便參觀這邊的國際學校。比起歐美遙遠的航程，過來大馬可輕鬆得多，而且語言相通，抵玩抵食花錢不會那麼心痛。

夏令營期間，我看著小 H 樂透了的笑容，下定決心要帶他過來這邊生活——我也憧憬著南洋熱灑的陽光。

智能測驗 CAT4，國際學校的入學試

不要太擔心，即使英語不行，入讀國際國校也有方法順利過關！

在台灣上小學的時候，我發現小H整整一個學期只學了十個英語單字。也難怪，一個星期只有四十分鐘英文課，就算是進化後的智能兒童，應該也無法在這麼短的時數之內學好英語。

忍痛繳學費，給小H去上課外英語班，作用也是有限，學了好像跟沒學一樣。到了小二，他連「sunny」都常常拼錯。我最後投降了，明白到沒有語言環境的話，強迫小孩學外語是鑽木取火一般的難事。

想去馬來西亞讀書，對外國人來說，唯一的選擇，只有國際學校。

很多香港人有這樣的誤解：「香港的國際學校才難考，馬來西亞的國際學校又怎會難考呢？」

但我要告訴大家，大馬人的英語水平不會輸給香港，且參考下頁「EF EPI 英語能力指標程度評級」（二〇二四年版本）[1]。

在馬來西亞，除了馬來語，英語是最普遍的日常語言。

1 —「EF EPI 英語能力指標程度評級」，由教育機構 EF Education First（EF）作出評估，有助於區別英語水平相若的國家，以及進行區域內或區域間的比較。(https://www.ef.com.hk/epi)

EF Education First
英語能力指標評級報告（EF EPI）－ 亞洲區排名 （2024）

國家 / 地區	亞洲區排名	世界排名	EF EPI 分數
新加坡	1	3	609
菲律賓	2	22	570
馬來西亞	3	26	566
香港（中國）	4	32	549
韓國	5	50	523
尼泊爾	6	56	512
孟加拉	7	61	500
越南	8	63	498
巴基斯坦	9	67	493
印度	10	69	490
斯里蘭卡	11	73	486
印尼	12	80	468
蒙古	13	84	464
吉爾吉斯斯坦	14	88	457
中國	15	91	455
日本	16	92	454
緬甸	17	93	449
阿富汗	18	95	447
烏茲別克	19	98	439
哈薩克	20	103	427
泰國	21	106	415
塔吉克	22	109	412
柬埔寨	23	111	408

資料來源：https://www.ef.com/assetscdn/WIBIwq6RdJvcD9bc8RMd/cefcom-epi-site/reports/2024/ef-epi-2024-traditional-chinese.pdf

要考進這邊的國際學校，既然連香港人也未必十拿九穩，對自小在台灣長大的小H來說，當然是一道困難的關卡。

「What is your favourite subject?」

「My favourite subject is Math because I'm very good at Math.」

那幾個月，一有時間我就幫小H排練。口語方面他應付得了。可是，他在書寫方面近乎文盲，連一句完整的英文句子也寫不出來。拼字方面，他的表現也是超弱，我教了他很久，每次都是氣得翻桌和吵架。

「沒救了……」

我嘴裡是這麼說，但我是個絕不放棄的男人。

雖然每間國際學校的考核項目都不一樣，但根據我搜集回來的情報，發現在大馬那邊，只要是英式學制的學校，CAT4是幾乎必考的項目。

CAT4？簡單來說，就是英國的智能測驗[2]。

不是只考英文的話，小H就有合格的希望。我定好了策略，集中時間主攻CAT4，另外就是加強口語能力，預測面試常見的對答題目，教小H背誦標準答案和萬用答案。

事後諸葛亮證明，這個決定是正確的，CAT4成了過關的關鍵。

2｜CAT4，即是Cognitive Abilities Test，乃英國廣泛使用的標準化測驗，分四個範疇：語言推理(Verbal Reasoning)、非語言推理(Non-verbal Reasoning)、數學推理(Quantitative Reasoning)及空間推理(Spatial Ability)。

★ CAT4 考試的攻略法

Cognitive Abilities Test (CAT4) 是英國廣泛使用的標準化測驗，主要用於評估七至十七歲學生的學習潛力和思維能力，測驗的難度會根據學生的年級而提升。

CAT4 裡面的「4」，代表學生四個面向的能力：

1．語言推理 (Verbal Reasoning)：語文邏輯及推理題，例如：「貓：貓科動物＝狗：○○○○？」

2．數學推理 (Quantitative Reasoning)：透過數列與數字關係來評估學生的邏輯思維。

3．非語言推理 (Non-verbal Reasoning)：純圖片推理題，測試解讀圖形的能力，需根據規律選出正確的答案，不涉及語言或數字。

4．空間推理 (Spatial Ability)：評估學生理解三維物體的能力，對於 STEM 相關學科尤為重要，常見題型包括紙張折疊和立體旋轉。

※題目是五選一的選擇題，比較難靠運氣猜中。

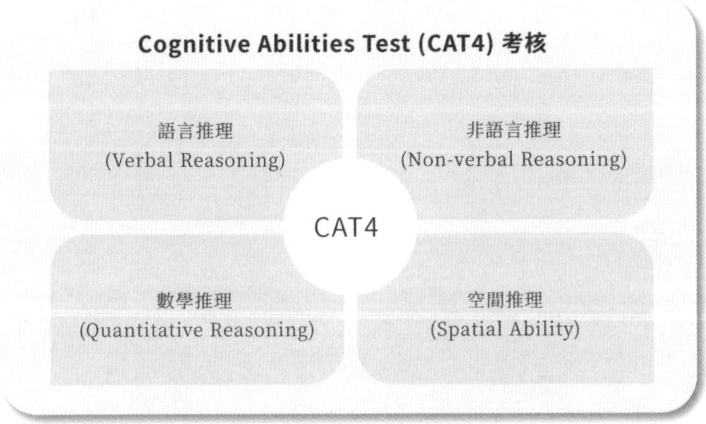

Cognitive Abilities Test (CAT4) 考核

語言推理
(Verbal Reasoning)

非語言推理
(Non-verbal Reasoning)

CAT4

數學推理
(Quantitative Reasoning)

空間推理
(Spatial Ability)

英國的私校或者馬來西亞的國際學校收生，通常都會要求學生做 CAT4 測驗，以此評估學生的發展潛力。智商高的學生有絕對的優勢，不過校方測試的目的，主要是為了因材施教，讓老師了解學生在哪一方面有潛質，為其制訂更適合的學習計劃。

家長也可以透過這份報告，知悉孩子現時的基礎能力，輔導他去專注發展或者補強個別學科。CAT4 的試題是機密文件，理應不外洩……但我在一個「容易淘到寶物」的網站，找到一些疑真疑假的題庫。

沒辦法！香港人就是愛做 past paper 嘛！

預先做過類似的練習，見過似曾相識的題型，孩子漸漸就會掌握到邏輯，只要有了心理準備，臨場發揮就不會手足無措。

這一招我是跟台灣的家長學的……我發現有些家長為了讓兒女考進「資優班」，都會花錢給兒女安排特訓。智力測驗的成績原來是可以補習出來的！你有張良計，我有達文西，不懂門路很吃虧。

★長達六個小時的面試過程

英語糟糕，考得進國際學校嗎？當然有可能。

這種情況要通過面試，就要設法突出孩子的優點。愈年幼去考，愈有機會。學習語文是緩慢的過程，一時三刻難有成果，隨著孩子歲數的增長，差距只會愈來愈大，要考進去的難度更加高不可攀。

「最重要是讓學校看見孩子的自信和潛能。」

我抱著這樣的心態，向遠在他方的國際學校遞交了申請表格。

面試要交面試費，雖然只是港幣一千幾百，但對我這種窮爸爸來說仍然是負擔。既是破釜沉舟，也是為了省錢，我只報考一間國際學校。

不成功，便認命！

二〇二四年一月，寒假起行，迎來小H人生首次的面試。

我萬萬沒想到，面試的難度比想像中高，分為上午和下午兩節。

早上九點半到場，小H開始考 CAT4，接著是跟老師一對一的口試。全程由他獨自面對，我在校內的咖啡廳焦心等待。

CAT4 這一部分的入學試，都是用 iPad 作答，總共考了快兩個小時。

吃午餐的時候，我無法再裝作不在乎，便抓住小H問：

「你有信心嗎？」

「英文我不懂……其他題目我都會做，我覺得會滿分。」

「真的嗎？」我半信半疑。

「噢！數學考了除法和分數，我可能會錯。」

小二只學到乘法，數學推理題居然考得這麼深？幸好蒙特梭利有除法和分數的教具，我有教過小H這個範疇的數學概念。

上午小H的表現還不錯，沒想到下午要考默寫句子和作文，他連極簡單的英文字都不會拼寫，這一部分必敗無疑。唉！如果是選擇題，他還有機會瞎猜過關。唯有寄望他在CAT4考到令人眼前一亮的高分。

人算不如天算！更令人擔心的狀況出現了。

我透過落地玻璃，偷瞄小H的一舉一動，驚見他脫掉了鞋子！桌面下，他露出了臭襪，卻面不改容在桌面上寫字。不幸中的大幸，考官沒發現這件事，否則這小子的形象就要全毀了。

面試結束，行政人員聊到後續的安排，我才知道還有第二階段的考核——直接安排到班上試課，跟同齡的學生一起上課。

「我們四天後就要離開馬來西亞。」

聽到我這個答覆，對方點了點頭，盡量幫忙安排。

到了這地步，一切聽天由命。

隔天晚上，WhatsApp傳來學校的訊息，通知我在後天帶小H去試課。試課時間是星期五的早上，恰好在我們出境的前一天。

試課當天，迎接我們的是金髮的帥老師，一聽口音就知道他是英國人。不用我提醒，小H便跟他打招呼，做足禮貌工夫。帥老師露出親切的笑容，親自帶他上去課室。

跟小H上課的同學是Year 3的學生，即是他將來唸Year 4的同學（英國學制的Year 4等於香港和台灣的三年級）[3]。

課堂在10:00AM結束，但帥老師提早在9:45AM下來，害我心驚膽跳。帥老師跟我握了握手，微笑著說：「不用擔心！小H起初有點緊張，但慢慢就和同學打成一片。我們保持聯絡吧！」

聽到這一句，我心領神會，知道小H很大可能過關了。

鐘聲響起，小H下來，手裡竟拿著一塊蛋糕。塑膠盒裡的蛋糕四四方方，主要是巧克力，其中一面鋪滿綠色的糖霜。

「這不就是你最愛的Minecraft嗎？」

「有同學生日，他請全班吃蛋糕。我沒顏色筆，旁邊的女同學都會借我。」

真有人情味！在台灣，成績好的學生在班裡會很有地位。哈，看來在這間學校，比的是玩Minecraft的技術，玩得好的同學才會受歡迎。

整個面試的過程，兩天的時間加起來，前前後後長達六個小時。其他國際學校的面試有沒有這麼久？我也不清楚。

這次面試是父子倆共同作戰的回憶。

真正考驗的是勇氣，我們就像《牧羊少年奇幻之旅》的主角，只要真心渴望完成一件事，全宇宙都會聯合起來幫助我們！

3 英式國際學校的年級與英國的學制一樣，Year 1是幼稚園高班，所以Year 2等於香港的小學一年級。

★如何解讀和利用 CAT4 報告

我寫得出這本書，面試的結果當然是成功錄取。校方要求小H要上英語加強班，這一點也在我的意料之內。

在入學三個月之後，我才收到小H面試時的 CAT4 成績。我為了突破面試的關卡，把育兒當成育成遊戲在玩，結果還意外發掘了兒子的天分。

下圖是小H的 CAT4 報告。淺灰色部分代表同齡學童的平均值。這是給家長看的版本，老師的版本更加詳細。

配合這份報告，校方提供了一些建議：

⬇ Likely to enjoy and do well in Science, Design, Technology and Geography.

⬇ Using spatial and visual approaches to support all learning.

難怪小H這麼喜歡樂高積木和 Minecraft，果然都和天生的空間感有關係。不過這個結論也許是倒果為因，亦有可能因為他常常玩積木，所以才培育出強大的空間推理能力。

小H的CAT4報告（截圖）

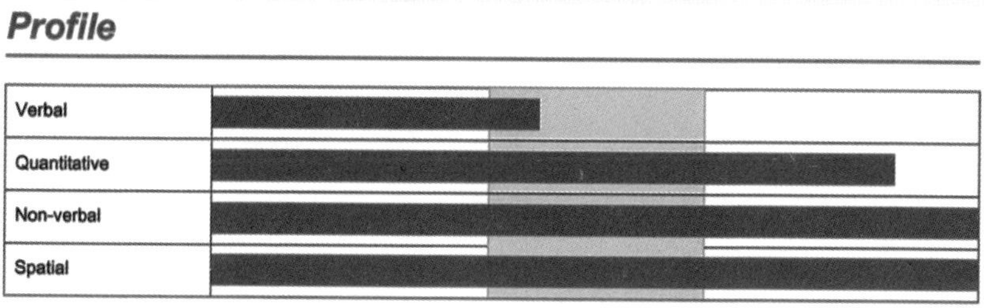

Profile

Verbal

Quantitative

Non-verbal

Spatial

CAT4 成績與學科成就預估

潛力領域	與之相配之學習科目#
語言（Verbal）：語文認知潛力	英語、語文、歷史、宗教、地理、家政學、商業、生物學
數量（Quantitative）：數學推理潛力	數學、會計學、物理學、經濟學、商業
非語言（Non-verbal）：邏輯推理潛力	化學、物理學、生物學、商業、音樂、體育、商業
空間（Spatial）：空間感知潛力	建築、藝術、技術製圖與設計、工程學、體育、化學

某些科目與多個潛力領域重疊

平時我拿著一本純文字的書叫小H讀，他都沒有翻閱的意願。現在我就知道要換一換方法，即是校方建議的 Visual Approach……

說起來，在二年級下學期，小H的中文成績突飛猛進，莫非是因為我常常帶他去漫畫茶座看漫畫？

綜合這份報告，我將會鼓勵他朝數理的方向發展。

我是個不尋常的老爸，自創一些不尋常的育兒法。

但我的離經叛道，背後都是有根有據，參考了不少心理學的實驗報告，還有專業機構的統計結果。

育兒實驗尚在進行中。

就讓我在此留下一個時間囊，看看十年之後，小H的理科成績是否出類拔萃！

申請過程之中我踩過的地雷

差點害兒子申請不到學生簽證！本篇分享我的碰牆經歷，大家不要像我這樣大意。

很多人覺得移民美國很難，其實移民馬來西亞更難。

就算配偶是馬來西亞公民，也很難透過親屬的身分，來取得馬來西亞的永久居留權，申請的成功率不高。

某位香港朋友，聽到我要來馬來西亞，立刻開玩笑：「你該不會是要申請第二家園簽證吧？不對、不對，對你來說應該是第三家園！」

我笑著解釋：「第二家園只是居留簽證，無法入籍成為永久居民。我兒子的英文程度太差，直接回來香港讀書的話，必定跟不上，所以我要找個中轉站讓他學英文。」

全世界的遊牧工作者都很清楚，東南亞是最適合遊牧的地區。泰國是外籍遊客的首選地，印尼的峇里島是人間天堂，馬來西亞是高性價比之選⋯⋯

我只是來玩的，就是這麼簡單。

真的，純粹是來消費，玩膩了就走！

回望過去一年波折重重的經歷，覺得自己這個決定很大膽。

一般家庭辦好了移民手續，才會帶孩子去陌生的國家升學。而我呢？簽證還沒搞定，說走就走。大多數家庭的決議，都是經過夫妻的商量才做決定。但我單槍匹馬，憑著一股衝勁，就帶著小H勇闖大馬生活。

天氣可以不似預期，人生更是充滿意外。

我坐在校務處，看著Y女士——負責幫我辦簽證的中介。她的表情像是吞了一整顆檸檬，苦得讓人心慌。我心裡咯噔一下，深知事情絕對不妙。

「移民局那邊回覆，拒絕你的簽證申請……」

這個壞消息如同晴天霹靂，令我這趟遊牧之旅響起紅雨警告！

★先辦學生簽證，再辦陪讀簽證

小H的出生地是台北市，很多文件都要在台灣申請。在這邊的人眼中，大馬不是留學的熱門地點。我在網上找不到有人帶子女去大馬陪讀的攻略，所以才犯下大錯，走了不少冤枉路。

出發前，我收到校方寄來的政府公文。由於全是馬來文，我看不懂，結果造成白痴的誤會。入境的時候，櫃位的女入境官問我：

「你們來馬來西亞的目的是甚麼？」

「我帶兒子來讀書。這是他的**學生簽證**……」

戴頭巾的女入境官搖了搖頭，又皺了皺眉，我和她的對話就像鬼打牆一樣。當她出去找主管的時候，我真是嚇出一身冷汗。折騰了二十分鐘，她才批准我和小H入境，在護照上蓋了一般的旅遊入境章。

事後我才知道，原來我出示的文件只是**教育部的批准信**，而不是學生簽證。所有移民局批發的簽證，都會直接批註及蓋印在護照的內頁。

學生簽證是在入境後才申請的！

一到境，家長要盡快前往學校報到，盡早辦理學生簽證。

等到學生簽證批下來之後，家長才能申請陪讀簽證，整個過程可能超過兩個月。這期間家長都要交出護照，不可隨便出境。假如家長太遲申請簽證的話，就必須在免簽期限結束之前，去申請延期旅簽的許可證。到時候，就要親自往移民局跑一趟，擠在一堆外地勞工中間一起排隊。

在申請學校之前，首先要問清楚學校是否會有中介代辦簽證（中介是 Agent 的中文譯名）。

一個負責任的代辦中介，都會跟家長在 WhatsApp 聯絡，提供申請文件的清單。馬來西亞的官方語言是馬來文，政府文件基本上只用馬來文。所以沒有中介協助的話，家長根本不可能辦得到簽證。

有一些當地超頂級的國際學校，例如前國王莫哈末五世曾就讀的愛麗絲·史密斯國際學校，進去的都是皇親國戚及外交人員的子女。像這種級數的學校，根本不會隨便收生，也不會有甚麼代辦簽證的中介，所以除非另有門路，否則不用浪費時間考慮（本書是針對像我這種平民而寫的～）。

申請學生簽證的文件都要靠自己準備，都要在出發前提早申辦。

而我犯下的第二個低級錯誤就是錯在——

重要文件都需要公證。

重要文件即是**孩子的出生證明書**，以及**父母的結婚證書**、**離婚證明或死亡證**，主要都是由公共機關發出的文件，用來證明孩子和父母的關係。

如果你的文件全是香港部門發出的文件，直接拿去公證，就可以帶過來馬來西亞使用。但假如是非英文的文件，例如台灣的證明文件通常只有中文，就必須經過：**❶委託翻譯社翻譯、❷當地公證、❸去台灣相關單位驗證及❹去馬來西亞友誼及貿易中心驗證四個步驟**，才可以帶過來馬來西亞使用。

我傻傻的不清楚，少做了拿去台灣相關單位驗證的步驟，最後要向身在台灣的親人求救，花了兩筆速遞費，才僥倖補救成功。我也是經歷過才知道，任何文件

辦理學生簽證五部曲

第一步	通過國際學校的面試及考試。
第二步	獲得校方的錄取通知書，繳交留位費。
第三步	獲得教育部的批准信 (簡稱 MOE Letter)，申請需時大約兩個月。
第四步	帶孩子入境馬來西亞。 （以一般旅客身分入境，入境前三天之內要在網上填妥 MDAC 電子入境表。）
第五步	盡快前往國際學校報到，辦理貼簽手續及提交申請。 （有些文件需要馬來西亞翻譯局 ITBM 的翻譯和審核認證，才可以符合移民局的要求。）

都有英文版本，原來不是必然的事，中英兼容的確是香港社會的優點。

給中介只需要遞交證明文件的影印本，正本由家長保留，所以除非有特別需求，否則只準備一套文件就會夠用。

雖然聽起來很麻煩，但整個過程只需要跟學校裡的中介見面，不用親自跑移民局。所以只要在出發前準備好申請文件，避開我踩過的地雷，就會免除很多煩惱。

★馬來西亞歡迎香港人

話說二〇二三年七月，香港特首李家超帶住一隊代表團，浩浩蕩蕩飛到馬來西亞。他此行可不是來吃肉骨茶的，而是要和馬來西亞的政商界合作，強調香港是亞洲的超級聯繫人。

全靠這趟經貿之旅，馬來西亞政府延長特區護照的逗留期間。本來香港人免簽入境，以前是最長一個月，現在延長至九十天。由此可見，馬來西亞政府表達了歡迎香港人的態度。

當我在大馬辦理陪讀簽證，就發現免簽逗留九十天超級有用！

在我決定要實行遊牧旅程的計劃，大馬政府就與香港建立更緊密合作的關係，這還不是天助我也嗎？這樣的話，小H的嫲嫲要來陪乖孫，短期居留也不成問題。

大多數國家的旅客入境大馬，最多只能逗留三十天（即使是中國和東協的盟國，也沒有優待）。

除此之外，申請簽證要繳交個人保證金，不同國籍的人士有不同的價碼。香港人只需繳付

RM1000（~HKD1750）的保證金，而美國人和加拿大人都要繳付雙倍的價格。

未來難以預料，但既然大馬政府為香港人打開友誼之門，我就不會錯過這個良機，以吉隆坡為旅遊計劃的基地，暢遊整個東南亞。

★記住這些竅門，申請陪讀簽證並不難

陪讀簽證（Guardian Visa）是父母其中一方可以申請的簽證，有效期跟學生簽證同樣只有一年。雖然每年都要續簽，但這是最簡單可以辦到手的簽證，申請的條件也最為寬鬆。

一家人共聚的時光最寶貴，我絕不建議夫妻其中一方負責賺錢，而另一方過來陪讀……所以我就說，像我這種單親家庭，最適合以遊牧的方式留學，算是命運給我的補償。

而馬來西亞政府為了鼓勵外國人過來留學，在二〇二四年推出了新政——**如果家庭中有兩名或以上子女，那麼父母兩人都可以申請陪讀簽證**。至於實際的操作詳情，各校的中介一定最清楚，請不要問我，直接問他們最好。

據說按照以前的規定，陪讀簽證並不會批給單親爸爸，但近年當局因應時勢改變了政策，讓單親爸爸也可以申請——我就是個成功的案例。

陪讀簽證能否讓給祖父母申請？以我所知是絕對不可以的。

申請陪讀簽證所需的文件如下：

1．最近三個月的銀行月結單

只接受英文及馬來文。證明有固定的收入，收入要求大約是每個月港幣兩萬以上（老公的家用也算收入），要展示財力，金額當然愈多愈好。此外，每個月的結餘也不要太低，最好有港幣三萬以上等值的存款。

2．孩子的出生證明書（需公證）

3．父母的結婚證書／離婚證明／死亡證（需公證）

4．醫療保險的保單（馬來西亞當地購買）

5．個人保證金的繳款證明（由學校開出發票）

6．孩子及父母雙方護照的影印本（如已入境，需要影印蓋有入境章的一頁）

7．申請人的護照正本（申請人即是陪讀爸爸／媽媽）

部分文件和申請學生簽證的要求是一樣的，只不過需要再影印一次和再次呈交。

申請陪讀簽證，最重要是證明經濟能力，即是展示出你的現金流。

要成為遊牧家庭，網上理財是必學的技能，好在香港大部分銀行都提供中英對照的月結單，省卻去找翻譯社的麻煩。在此提醒一下，**如果收到的銀行月結單只是純中文的版本，就要盡早轉為英文版本的月結單啊！**

除了每個月要有港幣兩幣以上的入帳，銀行戶口的存款結餘亦不能太低。最低要求沒有明文規定，但以我所知大約是港幣兩萬等值的存款。別以為兩萬不多……我的耳朵很靈，曾偷聽到其他家長的遭遇，她們也會犯上這樣的錯，每個月花光老公給的家用，忘了留下存款當證明。

如果對自己的財力沒有信心，建議選校的時候，可以選擇雪蘭莪的國際學校。雪蘭莪（Selangor）、吉隆坡（Kuala Lumpur）和布城（Putrajaya）合稱為「雪隆」，各區由不同的移民局管轄，所以申請難度也不一樣。其實很多知名的國際學校，都是位於雪蘭莪，與吉隆坡相距只是很短的車程。吉隆坡貴為首都，申請簽證的難度——以我道聽塗說的情報——當然是最高的。

有些家長會犯上的另一個錯誤，就是在第二年申請續簽的時候，竟然忘了在馬來西亞當地開銀行戶口，所以沒有本地銀行的出入帳記錄！原來官方有規定，申請續簽時需要繳交的文件，只接受當地的銀行發出的月結單。

所以，**家長一收到陪讀簽證，就要盡快在大馬的本地銀行開戶！**然後，每個月匯款到這個戶口，證明自己有穩定的收入來源。

★簽證申請被拒不等於絕望

最後，談到文中我不幸的遭遇……

申請被拒怎麼辦？

有時候，拒絕不是真的拒絕，對方只是要你提出更詳細的證明。對方也不想小朋友沒書讀，造成骨肉分離的局面，所以都會給當事人覆核的機會。

第一件事就是和中介商量，然後遞交覆核信(Appeal Letter)。

像我遭遇的情況，就是曾在申請簽證期間取回護照出境。於是，我需要解釋不得不出境的原因，而在我出境這段期間，孩子交給誰來照顧……最後我交出了合情合理的證明文件，終於獲得了陪讀簽證。

嗚~人生就是充滿大大小小的挑戰。

甚麼人適合遊牧生活？就是像我這種不怕麻煩的人，靈魂裡蘊含絕不放棄的精神！

正正常常在這邊陪讀，收入來源又正正當當，謹記以上各點，不要犯下我和其他家長犯過的錯，真的沒理由拿不到簽證。馬來西亞政府支持教育機構興辦國際學校，總不會搬石頭砸自己的腳吧！

結論就是那句網絡諺語：

「沒有錢解決不了的問題，除非……錢不夠多。」

辦理簽證的費用（按人頭計算）#

項目	費用
中介代辦費 Agent Fee	RM500 – RM1,000
醫療保險 （視乎個人需要，價差可以很大） Medical Insurance	RM100 – RM1,000（兒童） RM200 – RM1,500（成人）
個人保證金 （將來離境可退還） Personal Bond	RM1,000（香港人） RM1,500（台灣人）

以上為 2025 年的參考價格

佛系遊牧飄泊式租屋記

"

在大馬竟以香港一個車位的租金，便租到三房三廁有會所的公寓！

「爸爸，這個枕頭好恐怖……為甚麼是黑色的？」

「只是未開燈，看起來比較黑吧？」我佯裝鎮靜。

當我和小H打開房門，便嗅到一陣發霉的氣味。

出門遠行，上網預訂廉價的旅館，果然容易出事。

我掐住枕頭套，像拆炸彈一樣，小心翼翼抽出枕芯。

天呀！棉絮發霉到變成暗黑物質！要拿去櫃檯換一換。

除此之外，燈掣旁邊有蟑螂優雅地爬過，彷彿在巡視牠的地盤。

哼！我和小H已磨煉出強大的心志，連死老鼠都不怕了，這區區六條腿的小玩意算甚麼？

更恐怖的是在窗外。

「爸爸，那些灰色的是甚麼？」

小H指著窗外，我跟著他的目光，心頭一驚，連忙「唰」的一聲拉上了窗簾。當時正值華人七月的鬼月，網上介紹寫「City View」的旅館，外面竟然是一片墳景……唉！早知道選擇沒有窗口的房間！

一股寒意襲來，我摸著小H的頭，低聲說：「你記得『植物大戰殭屍』這個遊戲吧？我們這個月說話，都要特別小心……路上有東西不要亂撿……」

這是在鬼月租屋，差點自己也變成鬼的故事。

抵達吉隆坡的第一晚，我不小心在旅館的浴室滑倒，千鈞一髮之際抓住門把，要不然旅程一開幕就是終幕。儘管保住了小命，腳掌還是擦破了皮，血流不止。

倒楣事件連環爆，隔週又再發生血光之災，我伸手進盥洗包想拿牙刷，結果直接握住刮鬍刀的刀片，當場削了一塊皮！那次不停擠消毒止血膏，忍了四十分鐘才止血。

小H看得目瞪口呆，我苦笑道：「如果出了意外，爸爸要靠你來救我……我之後要教你急救技巧。」小H點了點頭，只有加速成長，他才能陪我一起克服難關，蒙古人的小孩應該也是這樣長大的。

為甚麼兩父子要浪跡天涯？

因為我想挑戰一下人生。八月底開學，七月底我才過來找房子。**在大馬這邊，iProperty 和 PropertyGuru 是最常用的租屋網站**，我給自己的挑戰是在三天之內租到公寓，最後用了五天達成目標。可是我失策了，租得太急，屋主來不及清空寓所，要等到八月中旬才能入伙。

數碼遊牧？其實是數碼流浪！

我和小H要過上兩週的流浪生活。哪間旅館促銷特價，我們就去住幾天，成為名副其實的「遊牧民族」。

每次看到商場裡的漂書櫃，我都會感到同病相憐——要不是擔心增加負重，我會撿走幾本書。

很多人以為移居海外很大陣仗，要找船務公司託運幾十箱行李。錯了！真正的數碼遊牧不是這樣玩的。最初我們來到馬來西亞，只帶了兩個行李箱。

一人一個，一大一小。

大的行李箱叫「大紅」，小的行李箱叫「小紫」，都是小H取的名字。

「爸爸，你一個大男人，為甚麼會買紅色的行李箱？」

「這是你娘親的遺物。」

這個紅色行李箱飽歷了十六年的滄桑，當年由小H娘親帶去英國留學，認識我之後，又用它遊遍歐洲、北美洲、澳洲、中日韓等地。至今還是一樣好用，彷彿有神靈庇佑一樣。

行李少成這個樣子，有人可能覺得我兩父子很瀟灑，但真正原因是「廉價航空的寄艙行李要付費」。我只買了一件寄艙行李，只有25KG，另外加一個帶上機的「小紫」。

馬來西亞只有夏天，不需要帶冬天的衣物，一個大行李箱就裝得下生活所需的衣物。我只有三套替換的上衣、褲子和內褲，幸好馬來西亞天氣乾燥，即使是晾曬衣服，不到半天就會乾透。

「爸爸，你為甚麼不多買幾件衣服？」小H問。

「這叫做——極簡主義！」我沒說出心聲：「行李箱省下來的空間，是為了放你的衣物和電腦！」

要浪跡天涯也不是壞事，我們就趁這機會到各區住旅館，探索吉隆坡及周邊一帶的風土人情。

★吉隆坡一帶極短簡介

雪蘭莪（Selangor）、吉隆坡（Kuala Lumpur）和布城（Putrajaya）合稱為「雪隆」。這是中文簡稱的叫法，英文的叫法是「Klang Valley」，即是巴生河流經的地域，亦即是上述的雪蘭莪、吉隆坡及布城。

對遊客來說，最熱鬧的地方就是吉隆坡，這裡是馬來西亞的商業中心，各大企業總部、購物天堂全都設址於此。

因為吉隆坡塞車嚴重，於是政府將總部遷到了布城，布城就此成為馬來西亞的行政中心。

吉隆坡是「蛋黃區」，包含最精華的地段。周圍的雪蘭莪就是「蛋白區」，範圍大，屋租較親民。兩者類似台北市與新北市的關係，MRT和LRT已連貫人口密集的地區。

華人、馬來人和印度人是三大族群，同族三分親，當同一族群的人聚居，就會形成「華人區」、「馬拉區」……過去十年，吉隆坡湧入大量外籍人士，漸漸也形成一個族群，總數快要佔全國人口的一成！

最多外籍人士居住的地區是**孟沙（Bangsar）、滿家樂（Mont Kiara）及帝沙城市公園（Desa ParkCity）**，當然少不了簡稱**KLCC的吉隆坡市中心**。尤其是Desa ParkCity這個自成一角的市鎮，簡直已成為香港人的「小香港」，連蹓狗的狗都會聽見廣東話！

那麼，吉隆坡的有錢人都喜歡住哪裡？白沙羅高原（Damansara Heights）是眾所周知的富人區，這裡等於是香港的半山區，鄰近國家皇宮。說不定早上去那邊跑步，迎面走來的狗，其實是國王的愛犬！

要分辨「華人區」和「馬拉區」的秘訣很簡單，就是到該區走一圈，假如附近是中式餐廳較多，那一區便是華人聚居的地區。

雖然說華人只佔大馬總人口的四分一，但在吉隆坡和檳城這兩個繁華的城市，華人的比例一定較高，就我所見一定超過四成。如果住在蕉賴（Chearas）和蒲種（Puchong）這種華人密集的地區，出門遇不到華人才是怪事呢！

我個人眼中的雪隆區免費好去處！

各地區中英名稱對照

甲洞：Kepong
孟沙：Bangsar
大城堡：Sri Petaling
八打靈再也：Petaling Jaya
蒲種：Puchong
布城：Putrajaya

★香港租車位的價錢，在這邊租到大屋

香港人移居大馬這回事，我不是甚麼開荒牛。

早就有幾位 YouTuber 帶著孩子來升學，拍片分享大馬生活，我只是有樣學樣。

本來想借鑑他們的經驗，結果發現——他們過的根本是奢華的生活！

看完他們分享的生活成本，我都羨慕得牙癢癢的，心中直呼：「好過分！這樣的移民生活，應該是犯規的吧？」

本地平民的月薪大約是 RM4000（大約 HKD7000），所以月租 RM4000 以上的住宅，根本就是豪宅的級別。

而我呢，心態踏實，繼續堅守節儉之道。租屋方面，我定下的預算，就是 RM2600（約 HKD4500），最後也如願以償。

其實這個租金，也有可能租到大屋，但我覺得住公寓才是王道。

因為公寓有保安、有圍牆、有門禁。如果有賊來了，他要打敗一連串保安叔叔才能進門，對我來說始終比較安心。

以 RM2600 這個租金，我租得到的公寓有 1200 平方呎，三房三廁，落地窗有綠油油的美景，而且鄰近捷運站和大型商場，再包兩個停車位……還有健身室和游泳池可以享用。

在馬來西亞租屋，大約要準備三個半月的租金，其中兩個月是按金，再加半個月的水電費按金和

首個月的租金。

在馬來西亞租房子，租客不用給地產經紀佣金。這邊的規矩是——**業主負責支付佣金，租金還包含管理費**，對租客來說真的是一大福音。

除了選樓，還要**慎選業主和地產經紀**。

有些經紀擺明偏幫業主（沒辦法，因為業主負責給佣金），而且很多租盤明明已租出，經紀還不刪除廣告，等到有人 WhatsApp 來問，經紀立刻介紹其他較難租出去的樓盤，說甚麼：「這間屋很搶手啊！剛剛有兩組人來看！」但事實是空置已久，連壁虎都搬走了。

雖然租屋講求隨緣，但一定要合眼緣——即是說，**租屋一定要親自去看，不能只憑網上的照片就下決定**，否則結果可能比盲婚啞嫁還要驚悚。

網上的照片可能掩飾了最大的缺點，和實際屋況有很大落差。

我曾經踩過坑，到了現場一看，才發現屋況差強人意。

經紀辯稱那是N年前的舊照……

哦，明明三十六歲，卻貼十八歲的照片出來，這不就是詐騙嗎？

在五天時間之內，我看了五個單位。

最後我選中的單位，本來是業主自住，因為業主打算遷到市中心，所以才放盤出租。而我一看就知道業主有悉心打理，負責的地產經紀也很熱心，因此我就這樣拍板。

「我暫時申請不到銀行戶口，要怎麼交訂金啊？」

「你可以拿著現金，直接用櫃員機存款。」

全靠經紀小哥一番指點，我才知道在這邊租屋的眉角。

租屋所需的文件，主要是：①**國際學校的入學信**及②**護照資料（全部用手機拍照即可）**。

這邊租屋最好透過地產公司的經紀（反正租客不用付佣金），而且**租屋契約都要「打蓋印」**，即是送件去政府部門加蓋蓋印，程序跟香港的做法一樣。這份有蓋章的租屋契約相當重要，日後申請家居寬頻或者開通銀行戶口都會用得到。

我拖著「大紅」，小H拉著「小紫」，父子倆流浪了兩個星期，終於等到了公寓交收的日子。

最開心是業主為人慷慨，答應提供兩台智能電視，還有更換兩張全新的床墊（這邊的床都是Queen Size）。交收時，業主將家品都留給我使用，包括拖把、拖板、鍋子等等生活必需品，甚至連摺疊式的單車都留下來，這樣的人情味令我這種窮人深受感動。

綜合半輩子的租屋經驗，最難搬運的家具就是「床褥」。而且床褥不便宜，所以哪怕租金貴一點，也一定要租一間提供床褥的房子。

在台灣，鬼月期間不宜搬家。

我正想嚴肅地跟小H討論這個話題，結果這小子連一秒都沒浪費，立刻突破盲點，一語道破：

「我們不用怕！因為這裡是馬來西亞，馬來西亞人都信伊斯蘭教啊！」

我頓時覺得……很有道理！

於是，我們入鄉隨俗百無禁忌，樂呵呵拖著兩個行李箱，高高興興入屋，在馬來西亞展開人生新的一頁。

PART II：

理科爸爸的實證育兒心得

#petrosains

【踏上成長路】

做個快樂兒童！

——爸爸主修過心理學，引導孩子好好長大……

西方有句諺語：「每個人都是天才。
但如果你用爬樹的本領評斷一條魚，
牠將終其一生覺得自己是個笨蛋。」

簡單來說，即是孔子主張的教育原則：
「因材施教。」

自己快樂，孩子才會快樂

“

父母常常都想給孩子最好的，卻往往忽略了自己！兒女不快樂，家長也不會快樂，結果全家都感到很痛苦。

以下是一位洋人教育家向著中國聽眾的演講：

「兒童因為沒有興趣，所以視求學為困苦的事。一般人——有許多學者——不曉得這個道理，以為人類的本性是不喜歡求學的，而人類的生活是不得不求學的，於是想盡種種方法去訓練他，使他不得不求學⋯⋯倘能學的東西與人生日用社會聯貫起來，那麼兒童絕沒有不喜歡求學的，因為好學正是兒童的天性。」

這是甚麼年代的演講？

我敢打賭大家一定猜不到。

三、二、一⋯⋯

揭曉答案——

這是一百年前的演講，講者是約翰．杜威（John Dewey）先生，他是二十世紀最重要的哲學家、教育家之一。大家未聽過他的大名，也應該聽過胡適先生，讀過那篇《差不多先生傳》。杜威是胡適的老師，而胡適是清朝出生的人，當年全靠胡適主導的新文化學運動，中文書寫才由文言文轉成白話文。

一九一九年杜威受邀到訪中國，在訪華期間發表多場演講，主題是「教育哲學」，指出中式教育的弊病，全部由胡適口譯及輯錄成書。

百年後，這番演講，依然擲地有聲。

明明抨擊的是百年前的社會狀況，但放在今天也是形容貼切。

可悲的是經過了百年，科舉文化的毒素代代遺傳，至今仍陰魂不散。我們就像魯鎮酒店的食客，嘲笑那些讀不成書的庸才[1]。

是甚麼原因扼殺了學習的樂趣？

以應試為本的填鴨式教育是一種「負向強化」（Negative Reinforcement），充滿隱性的懲罰機制。鞭韃鞭韃，鞭子當然比蘿蔔更有效，但鞭子會造成心理的恐懼和創傷。我不否認要應付升學考試，死記硬背是最高效率的學習法，但這樣強迫孩子讀書，副作用就是令他變得很抗拒學習。

台灣作家吳曉樂的作品《你的孩子不是你的孩子》[2]，寫作靈感來自她當家教老師的經歷。故事中有位收費超貴的家教老師，每次上門補習，袋子裡都帶著一條木棍，用來恫嚇學生。以我聽回來的八卦，現實中真有其事，美其名「打者愛也」。有些人的眼中只有成績，甚麼招數都使得出來，反正乳臭未乾的小子無法反抗。

1 — 內容出自〈孔乙己〉《吶喊》魯迅，一九一九年三月出版。

2 — 《你的孩子不是你的孩子：被考試綁架的家庭故事 一位家教老師的見證》，吳曉樂著，二〇一四年 Net and Books 出版，內容關於在台灣升學教育體制下，擔任家庭教師所見的各種家庭現象。二〇一八年改編成電視劇。

在台灣的時候，我認識不少家長都是體罰的支持者，他們總是覺得「今不如昔」，以前嚴師出高徒那一套才是最好的。

就連老師，都慨歎「懲罰學生的方法太少」，最多就只是叫學生罰抄……還有當眾亮出糟糕的成績來羞辱他們。

我這個主修心理學的畢業生，極力反對負向強化的懲罰機制。

當了爸爸之後，我常常反思教育的意義。

假如讀書只是為了一份高薪厚職，維持家族的社會階級，這樣的人生方針也許會導向不幸的未來。

兒女不快樂，家長也不會快樂，結果全家都感到很痛苦。

當時小H穿著名校的校服，我也曾經感到很驕傲，但看著他讀書讀得那麼痛苦，我就知道這並不是我想要的教育。

在我心目中，理想教育的首要目標——

讓學生喜歡上學，覺得上學是快樂的事。

★是甚麼令孩子變得討厭學習？

我的回答可以簡單得只有兩個字：**環境**。

環境可以是升學制度，也可以是社會風氣，以至貧富不均的經濟結構。

我覺得台灣教育有個很大的問題，就是小學生只上學半天……這樣的課程安排根本是玩死家長。

為甚麼台灣的小學生放學都要去安親班[3]？就是因為這種跟不上時代的上課時間表。

以我所知，小學要分上、下午班，歷史源由只是因為學生人數太多。但過去二十年台灣的出生人口暴跌，有的小學甚至面臨殺校的危機。所以，與其仿傚香港硬推雙語教育，倒不如首先仿傚香港將小學改革為全日制，否則真的不能責怪年輕夫妻不生孩子。

那些沒錢送孩子去安親班的爸媽，只能靠「自動自發系統」——有這種系統的孩子非常稀有。孩子不寫作業怎麼辦？親自盯！盯久了怎麼樣？爸媽變成喪屍，累得懷疑人生。到了考試週，爸媽甚至比孩子更緊張，焦慮症的症狀全部出現，家裡的氣氛如同核戰前夕。

3 —在學童放學後至家長下班前的固定時段，代替家長照顧並輔導課業的機構。

星期一	星期二	星期三	星期四	星期五
10/9	10/10	10/11	10/12	10/13
放假	放假	國黃卷 L1	國黃卷 L2 數黃卷 U3	聽考 L5
10/16	10/17	10/18	10/19	10/20
國黃卷 L3	國黃卷 L4 聽考 L6	國黃卷 L5	國黃卷 L6 數黃卷 U4	國白卷 L1 數黃卷 U5
10/23	10/24	10/25	10/26	10/27
國白卷 L2 數白卷 U1	國白卷 L3 數白卷 U2	國白卷 L4 數白卷 U3	國白卷 L5 數白卷 U4	國白卷 L6 數白卷 U5
10/30	10/31	11/1	11/2	11/3
國語 總複習卷	數學 總複習卷		期中考 國語, 英語	期中考 數學

台北某小學期中考前的 MOCK 卷排程，即是每天回校的意義就是不停的考試，而不是學習更廣泛的知識。

是的！不快樂的根源，乃來自無窮無盡的功課和考試。

不停操卷的作用，只是讓學生更加熟練考試的範圍，還有鍛煉考試技巧，禁絕犯錯，追求滿分。偏偏這種知識都是純學術的，與真實的生活脫軌，學生覺得毫無意義，當然提不起勁學習。由小一開始，學生就要不停操練試題，甚至乎為了多考幾分，都要放棄體育活動、培養興趣和遊玩的時間。

無可否認，反覆的操練可以讓學生打好基礎，不過迫得太緊的話，反效果就是導致學生失去學習的動力。

「我們全班同學都說學校太嚴了，很不喜歡上課。」

六歲時的小H這樣說，我半信半疑。這個小子有點狡猾，我懷疑他是假借「同學」之口，說出自己的心聲。

極致式的填鴨式教育，就是自小就要給學生灌輸機械式作業的思想，題目都不難，但一定要全對，避免粗心大意而犯的小錯誤。

小H每天都由學校帶回試卷，當考試變成了習慣，他已經麻木了，我也得過且過。不過他最怕的是功課，再加上每週數百字以上的罰抄，他常常一邊哭著一邊寫字，生字簿上都沾滿了他的淚水。

「好了，爸爸跟你班主任說了。我們決定要去馬來西亞升學，爸爸不會迫你了，這學期你隨便讀書和考試就可以了。」

在小二的下學期，我不再管小H的學業，放任他自生自滅。平日下午不再操練試題，而是跟我窩在漫畫茶座看漫畫。結果出人意表，他在這種無痛苦的懶洋洋狀態之下，竟然考出令人眼前一亮的成績。當班主任稱讚他有下苦功，我是感到極度心虛的。

「真是個特別的孩子！」

那一刻，我終於明白，**有些孩子就是有自己的步調，傳統呆板的學習法只會扼殺他的天分**。既然我本人也不認同瘋狂考試的教育法，當然趁著還有選擇機會的時候，替孩子選擇連我自己也想讀的學校。

★最期待兒子在放學說出的一句話

時間來到二〇二四年的九月。

這是小H在國際學校上課的第一天，看著他穿上帥氣的新校服，我興奮之餘，一顆心七上八下。帶兒子前往異鄉升學，我做了這麼大膽的決定，當然會擔心這個決定是否正確。

送完小H上校巴，我去了酒樓「飲早茶」，登入學校的官網，看見兒子的出席記錄，才鬆了第一口氣。

但一整天，還是胡思亂想：「他有辦法跟老師溝通嗎？同學會欺負他嗎？他會情緒失控大哭嗎？」

未到下午三點，我已在公寓的門口等待。

校巴來了，拉開車門，小H完好無缺，揹著輕便的書包下車，一副笑咪咪的樣子。

「今天上學，你覺得怎麼樣？」

「學校好好玩！上課超級開心！」

放學時，當小Ｈ這麼告訴我的時候，我既激動又感動。

這就是我最期待的一句話！

我期望他喜歡上學，覺得學習是一件有趣的事。

回想小Ｈ在台灣上學的日子，我每天都是過得戰戰兢兢、忐忑不安。我不知道這裡是不是天堂，但我好肯定自己過去兩年生不如死。最最最重要的是——小Ｈ由一個討厭上學的孩子，變成一個喜歡上學的孩子。

第二天放學，小Ｈ興奮地說：「我交到了朋友！小息的時候，他跟我在草地上翻滾……」我驚訝地問：「他是哪個國家的人？」小Ｈ搖頭，只聽出同學說的是帶翹舌音的普通話。

同學爸爸是緬甸的「香蕉大王」，不過不是農夫，而是大商家，在加拿大某知名大學畢業，認識很多達官貴人……今年緬甸發生大地震，他負責接待來自中國的救援隊。

有了好朋友，又常常得到老師的讚美，小Ｈ的新生活如魚得水。

同樣都是學習，但在國際學校唸書就是比較開心。

國際學校還是有功課的，而且是每天都有功課。部分功課要在 iPad 上完成，但大多數的功課仍是採用最原始的方式——即是派工作紙，小Ｈ還是要用鉛筆寫字。不過比起以前那種地獄級的功課量，國際學校的功課簡直是 super-easy jobs，每晚大約花十至二十分鐘就可以完成。

由轉校到執筆這一刻，一眨眼間，兩個學期過去了。

小H每天回家，都是表現得超級 happy。

原因當然是不用再做功課的奴隸。

降落傘實驗、Ice-cream Party……小H跟我敘述學校裡的趣事，有時飆出流利的英語，令我覺得他的進步很大。課業側重閱讀圖書和寫作，考試都不會讓學生覺得是考試，成績表沒有排名，僅是讓家長了解孩子的學習狀況。

我這個爸爸也因此得到救贖，天天都超級 happy。

每天六點多起床，送完小H上校巴，我就去茶室或者酒樓「歎早茶」。八點左右到咖啡店，開始一天的遊牧式工作。十一點開始煩惱要去哪裡吃午餐，要在數百間餐廳之中做選擇，每天都有嚐不盡的美食。下午三點買兩份下午茶回家，跟放學後的小H一起享用，然後一同下去會所曬太陽和游泳，愉快的一天就這樣輕鬆結束。

早睡早起，天天大解兩至三次，身心是前所未有的健康。

終於，不用再晚晚做功課做到十一點。

終於，不用再每年經歷兩百場考試。

終於，不用再操練無聊的試題。

終於，不用再經常默書改正罰抄五百字（而且全部字都要標注音，真實罰抄字數是一千字）。

終於，不用再害怕接到老師的電話。

在台灣那個家，那張木書桌的桌面都蝕白了，滿是橡皮擦的痕跡和淚痕。回想小H一邊痛哭一邊寫字的日子，真是恍如一場噩夢。

對我這個家長來說，我的最大得益就是——自由的時間變多了！我現在的生活更輕鬆，每天有更多的時間分配在工作上面。

離開cozy zone，叫「冒險」。

逃離苦海，應該叫「脫險」。

教育的意義是甚麼？

快樂學習就等於學不到東西嗎？

既然不知未來如何，何不就讓孩子好好享受童年？

最快樂的成年人，就是活得像小孩一樣。

大人快樂，孩子才會快樂！

> 別硬要一條魚去爬樹。最理想的育兒心態就是抱著平常心，好好瞭解自己的孩子，引導他們發掘真正的長處。

0500 → 0550	起床、梳洗、吃早餐
0550 → 0710	寫公文數
0730 → 1200	小學上課
1205 → 1250	在車上完成午餐和學校功課
1300 → 1400	車上午休
1400 → 1600	鋼琴課
1640 → 1900	安親班補習、學英文
1900 → 1920	在車上吃完晚餐
2000 → 2300	練琴
2300 → 2330	網上英語課

以上是「小學生兄妹朝5晚11恐怖日程表」，一度登上台灣的熱門新聞。這是妹妹的日程，哥哥的日程一樣緊密。由於低年級的小學生只上半天課，所以妹妹都是由中午十二點開始接受「特訓」。

在我未成為家長之前，看見這樣的事都會覺得很荒謬。可是，在小H升上小學之後，我才弄清楚事實——**成績都是比較出來的，好多父母根本是將孩子的人生當成線上「育兒遊戲」在玩**。

小一開學的第一天，我第一次接小H放學，就看見震撼我一生的奇景——一大隊穿著制服、揹著書包的小學生集合排隊，既像小步兵，又像小鴨子，在安親班老師催趕之下，一一走上開往安親班的旅遊巴。

雖然法規並未明文禁止使用「補習社」作為註冊名稱，但主管機關建議安親班避免「補習社」這樣的字眼。走在台灣的街頭，看見甚麼「XX美語」、「YY互動ABC」、「ZZ成長趣探索中心」的招牌……原來都只是補習社。

那時我才瞭解到遮醜布背後的真相——由小學一年級的第一天開始，讓小孩天天去安親班補習（至少）六個小時，這就是台北市小學生的日常人生。

雖然在台北讀書不用付學費，但安親班的費用可不便宜，幾乎等於台北一般上班族半個月的工資。不過，很多雙薪家庭都是迫不得已，低年級的小學生只上半天課，他們都需要托兒的服務。為孩子挑選最優質的安親班，就是父母對孩子最大的愛意。

有一次，在台北和一位文壇女前輩聚餐，說起小H晚晚做功課做到十點半的事。當時小H也在場，前輩盯著小H的校徽，目光亮了一亮。

「我兩個兒子以前也是唸同一間國小呢！你覺得國小已經辛苦？怎會啊？還好吧？比起國中，小學時的辛苦程度只是小兒科。」

「甚麼？我現在已經覺得是極限……」

「到了中學，才是真正的辛苦。」

這是甚麼鬼故事嗎？我聽得心裡發寒。

小H的國小鄰近的國中，就是一條龍直升的中學。台灣幾乎所有的「初中」都叫「國中」，這只不過是一個稱呼，並非官校的意思。

「那……到了國中會怎樣？」我的聲音是顫抖的。

「我的兒子常常做功課做到**凌晨兩、三點**。」

「甚麼？上學時間不是七點多嗎？」

「對！而且學校有早自習，他六點正就要起床。我當時心疼他，叫他做不完沒關係，但他很堅持要完成數學科的功課……」

我沉默了半晌，在餐檯下握緊了拳頭，心中要帶小H出逃的決心變得更加堅定。

「真佩服你們，竟然可以承受得了。」

前輩竟然搖了搖頭，輕描淡寫地說：

「也不是的……很多家長都被逼瘋了。直到有家長走去**找議員幫忙**，最後逼走了那位數學老師，情況才有所改善。」

聽完這種真實的恐怖故事，我也弄不清是老師瘋狂，還是家長有病。

那一刻我彷彿預見了恐怖的未來。

要改變這樣的未來，唯一的途徑只有「及早離去」。

★ 降低期望值，好好接納自己的孩子

大學同學 Diane Lo 是教育心理學家，日常輔導不少本地學生。

她說到現在香港本地學校的讀書壓力，有情緒問題的學生變得愈來愈多，簡直多得可怕（**順便幫朋友宣傳一下，她的《每顆都不一樣的小石頭》已經出版，出版社同樣是「格子盒作室」**）。

將心比心，一個人每天由早到晚都在上班苦幹，還要常常受到考核，與其他同儕競爭與排名，別說是小孩，就算是大人，都會感到焦慮和抑鬱吧？頭幾名就只有幾個席位，有時候粗心大意答錯一題，分數就會差一大截，而小孩自小就要面對這麼沉重的壓力。

孩子對父母的愛真的很單純，他們都知道父母很在意成績，但愈是擔心做不到，無形的壓力就會愈大，最後就會顯露成異常的精神行為。

不斷批評孩子，孩子不會怪你，他們只會怪責自己，失去做人最基本的自信心。

童年只有一次，如果連童年都不快樂，那麼到了成人階段也不可能快樂到哪裡去。童年的陰影很有可能影響心理健康，就算將來孩子取得了成就，卻終生與精神方面的疾病為伴，這樣的人生豈是父母樂見的結果？

而父母期望過高，更有可能是父母先患上抑鬱症。

家長快樂指數 =兒女的現實成績 ÷ 期望值

上面是我朋友自創的「家長快樂指數公式」。

簡單來說，就是那句老話：期望愈高，失望愈大。

現實成績難以改變的話，父母要追求快樂，唯一的方法只有調整心態——是的，方法只有一個，就是**降低自己的期望值**。這樣的道理看似簡單，但知易行難，身為一個父母，尤其是高學歷的父母，往往對孩子有更高的期望和要求。

父母都將夢想寄予在孩子的身上。

有夢想不是不好，但這樣的夢想也許只是父母的夢想，而非孩子真正追求的夢想。

對一些在社會上吃盡苦頭的父母，他們覺得自己的人生難以再有改變，只好望子成龍。一人得道，雞犬升天，金榜題名光宗耀祖，而按照一般東亞人的思路，拚命讀書是改變命運的方法。

「逆天改命」有這麼容易嗎？

我只知道，世上大多數的現象，包括人的智商和考試成績，都是遵循「常態分布」的規律。

這條鐘形的曲線簡直是「神的曲線」，即是俗稱的「拉CURVE」。大多數人的數值都是集中在平均值附近，並向兩側急遽衰減。以香港現時的DSE文憑試為例，僅有不足10%的考生獲得「5**」的最高評級。換句話說，要成為人上人，就要勝過九成以上的同齡人，而且每一科都要達標。

就當育兒是一場賭博遊戲，假如父母的期望值位於常態分布圖的右側，常常期望自己的兒女是最優秀的2.5%，那麼他們失望的機會率將會非常高。

所以，**最理想的育兒心態就是抱著平常心，只要求孩子達到中心區塊的平均值就夠了。父母能做的一切，就是為孩子提供最好的學習資源（不是補習資源），讓他們帶著好奇心在自由的環境之中探索**。

大人強迫小孩讀書，還不是希望他考上好的大學，畢業後做高薪的工作……坦白說，我也有這樣的期望，但比起孩子的成就，我更重視他身心方面的健康。一旦有了精神病，就可能飽受一輩子的困擾。

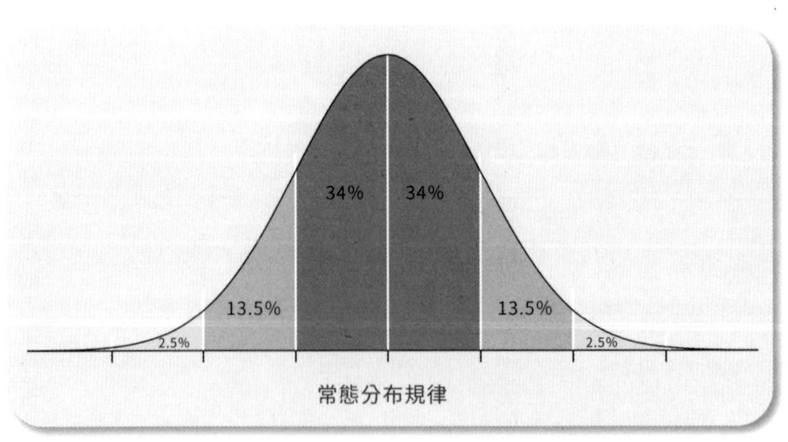

常態分布規律

昔日在台灣，我在電梯裡碰見的中學生，他們正眼不看人，都只是一直低頭玩手機。他們正值青春盛華，卻露出一副雙眼無神、行將就木的表情。就算是暑假，他們都要在早上七點出門，前往補習社操題目，直到晚上九點才獲得一絲自由。

這就是在台北成長的一顆顆年輕的靈魂。

我明白那種感覺，兒女在學業上有成就，父母都會感到沾沾自喜。

反之，兒女成績不好，有些失望的父母都會責怪，說甚麼「我花了這麼多錢給你補習……」這樣的話，動以情緒勒索。正等於兒女來到世上，根本並非他們的意願，而只是父母的意願，所以父母對孩子成材的要求，說穿了都只是父母的一廂情願。

大多數問題學童的癥結，往往是出在父母的身上。

孩子讀得成書，我很欣慰。

孩子讀不成書，他也是我最愛的孩子。

放下對成就的執著，降低期望值。

接受平凡，別要強求，家長跟孩子都會快樂多了。

★別教一條魚去爬樹

西方有句諺語：

「**Everybody is a genius but if you judge a fish by its ability to climb a tree, it will go its whole life believing that it is stupid.**（每個人都是天才。但如果你用爬樹的本領評斷一條魚，牠將終其一生覺得自己是個笨蛋。）」

簡單來說，即是Johnny Kong（孔子，字仲尼）主張的教育原則：

「**因材施教**。」

然而，後人扭曲了儒家的初衷，甚至被歷代王朝當成控制讀書人的工具，強迫他們死記四書五經及寫八股文。

現在這個社會似乎也大同小異。

每個孩子都不一樣，學校卻用同一套課綱和準則，來教育每個孩子，來評核每個孩子。

強迫性的教育模式，只會訓練出擅長考試的孩子。

考試以外的東西，譬如待人接物的技巧和街頭智慧，甚至是理財的竅門，都是更值得學習和有價值的知識。

在我看來，人生成功與否，際遇也許遠比實力重要。

有父母不惜一切代價，將小孩送上名校，以為得到高攀有錢人的入場券，結果小孩因為自卑，在學校交不到任何朋友。這種故意創造的「際遇」，並不是真正的際遇。當一個人遇上考驗或奇緣，改變命運的關鍵因素，往往是這個人經過成長煉成的本性。

成績好不好，考不考上名校……都不是最重要的。

最重要是好好瞭解自己的孩子，引導他們發掘真正的長處。

一條魚不會爬樹，並不代表牠一無是處。只要讓牠進入水裡，就會勝過那些不會游泳的動物。小魚兒明明有專長，卻因為一個不相干的標準而遭否定，實在是很冤枉啊！

我有個在台灣出生的朋友看《年少日記》[1]，竟然看到哭了，在FB上分享以前在台灣讀書飽受的折磨。正因如此，他很討厭台灣，不想再回去台灣（他現在是香港人）。然後年少時讀書不成的他，竟憑著某種驚人的天賦，成了他同輩之中最富有的人，享譽國際，在香港買得起豪宅。

在印度神作級電影《三個傻瓜》（*3 Idiots*）中，有一句發人深省的名言：

「**Chase excellence, success will follow.**（追求卓越，成功自會跟隨。）」

這世上，有些人適合當醫生，有些人適合當律師，有些人適合當工程師，但絕多數人只能做平庸的上班族……即便如此，我們都可以在公餘的時間，發展出自己的志趣。

1 —《年少日記》（*Time Still Turns The Pages*）是二〇二三年上映的一部香港劇情片，由卓亦謙執導。影片探討學童自殺、家庭創傷及教育壓力，獲金馬獎最佳新導演獎。

人生，不是只有第一名的人生才有意義。
倒數第一名的弱勢者往往活出更精彩的人生。
平凡人也可以有屬於自己的光芒。
接受平凡，才能追求不凡！

蒙特梭利，孕育天才的教育法

“

讓孩子展現出超乎想像的專注力、秩序感和自學能力，這是一套培育出西方科技大亨的天才教學法。

我是個不尋常的老爸，喜歡嘗試不尋常的育兒法。

台灣有不少蒙特梭利[1]的幼兒園，學費都很貴，我都負擔不起。但台北市有一所當時唯一採用蒙氏教學的「非營利幼兒園」，需要靠運氣抽籤來取得入學資格，正常中籤率不足2％。

一定是小H媽媽在天之靈的保佑，他才成功入學。

因為兒子唸的是蒙特梭利幼兒園，我也開始了解蒙氏教學法。要不是台灣的幼兒園不請男老師，我應該一早去了考相關的證照。

至今，我仍然用蒙特梭利主張的方式，培養小H獨立自主的個性。

準備晚餐的時候，我都會在廚房裡大叫：「唉唷！爸爸一個人煮飯好辛苦啊！我快累死了！爸爸好可憐喲～」

這時候，躺在沙發上看電視的小H都會豎起頭，眼睛骨碌骨碌的瞄向我。只要我趁機露出可憐的樣子，小H都會自告奮勇回應：「爸爸，

1　蒙特梭利（Montessori）是一種教育方法，由意大利心理學家兼教育家瑪麗亞·蒙特梭利（Maria Montessori）開發，強調自主學習、尊重孩子的個性與能力，並設計一系列具有吸引力的教具，讓孩子從感官學習中獲得知識。

讓我來幫忙吧！」

他也真的幫上了忙，幫我處理削皮和切菜的任務。

掛衣服、抹地、吸塵……都是他由三歲開始就要做的家務，這樣的習慣都是受了蒙式教學的薰陶。

二〇二〇年至二〇二四年這五年，我曾在台北市的社會住宅當義工，夥同小H幼兒園的園長，主理一項叫「星期六的蒙特梭利」計劃。這是我人生中很特別的經歷，每年都獲得台北市長頒發的獎狀。

世上第一所蒙特梭利幼兒園，就是百多年前在貧民窟裡誕生的「兒童之家」，讓苦命的孩子有機會接受優質教育，這才是瑪麗亞・蒙特梭利（Maria Montessori）創立這套教育法的原意。蒙特梭利並不是甚麼專利商標，而是一套尊重幼兒天性的引導式教學法，鼓勵幼兒自由探索，尤其適合培育二十一世紀需要的創意科技人才。

正如陳美齡博士在《50個教育法，我把三個兒子送入了史丹福》一書提出的觀點——**投資在早期教育**

小H幫忙煮飯及做家務。

的回報率是最高的。

心理學和蒙式教學法有密切的關係，佛洛依德和蒙特梭利博士都是在相同時空成長的人物。當時「兒童之家」接收的學生，不少是弱勢社群的幼童，有的有學習方面的障礙。博士本來是為了幫助這些孩子，才使用特殊的教具進行教學，結果成效顯著，孩子展現出超乎想像的專注力、秩序感和自學能力。

這下子，全世界的教育學家都傻眼了：「這是魔法嗎？怎麼可能？」對特殊兒童行得通，應用在一般的幼兒身上，效果豈不是不得了？

從此，這一套教育法就火了，由後人開枝散葉，發展成為一套歷久不衰的教學法。時至今日，美國和加拿大貴到離譜的私立學校，幾乎都是採用蒙特梭利式的教學系統。

★追隨幼兒，同時要引導他們

坊間有不少關於蒙特梭利的中文書籍，我發現大都是「掛羊頭賣狗肉」，並沒有點出蒙式教育的精髓。

以我愚見，這套教育法的大宗旨就是這一條——

「Follow the child but follow them as their leader.（追隨幼兒，同時要引導他們。）」

—— Dr. Maria Montessori

這裡說的追隨是默默看著他們，而不是像跟蹤狂一樣盯緊他們。

比起傳統的幼兒園，蒙特梭利學童學習的內容，都會與生活息息相關。五大教學領域分別是：日常生活、感官、數學、語文及文化教育。每個領域都有林林總總的教具，需要幼兒靠雙手去操作，親手探索圖像化的知識。

在混齡的教室裡，所有幼兒都要自學，選擇自己感興趣的工作項目。**「工作（Work）」一詞是蒙式教育專有的用語，目的是給幼兒灌輸責任感，讓他們認真對待自己每一次的「工作」。**

既然是工作，當然就會有「工作目標」，賦予一個學習目的。只要幼兒順利完成「工作」，他就會獲得很大的滿足感。

明確的學習目標對一個人來說是很重要的。

導師是整間教室的靈魂所在，他們很少站在黑板前面教書，主要是親手示範，向幼兒展示如何完成工作。導師的角色是「引導者」，引導幼兒去尋找答案，而這個答案不一定有標準的答案。

這種教學法背後的精神，就是非常尊重幼兒的意願。

由兩歲開始，幼兒有了自主的意識，大人就要允許幼兒選擇的權利。在蒙特梭利的教室，在預備好的環境之中，孩子都可以選擇當天要做的工作（倒水、插花、照顧植物、計算籌碼、拼砌幾何圖案……這些都是標準的工作）。

尊重幼兒，如同尊重他們是成年人一樣。

由出生的一刻開始，他們就是獨立的個體。

當然，大人都要成為榜樣，定立清晰的指引和規矩。每當幼兒遇到困難，大人都要適時給予指導。這是一種個別化的教學法，每個孩子都有自己的學習步調，所以沒有跟不跟上的問題，導師亦不會投訴孩子的表現。

現代家長都比較開明，再生氣也不會揍小孩，但很多家長都忽略了「語言上的體罰」。**不要說出貶低小孩的說話**。任何形式的負面說話，都會逐漸侵蝕一個人的自信。小孩的自信就像沙堡一樣，很容易就會崩塌。

「就算全世界不相信你會成功，我也相信你一定會成功，在這個世界綻放光芒。」

哪怕你的孩子全級考最後一名，為人父母也會相信他有未開拓的潛能，生命總會另有出路。我們要相信，根本不需要大人扯著前進，孩子都會走出自己的路。

★在家也能進行蒙特梭利教育嗎？

答案是可行，也是不可行。

一間標準的蒙特梭利教室，要有具備專業資格的導師，要有數以百計的標準教具，也要集合混齡的兒童一同上課，讓他們互相指導和學習。

要滿足以上條件很難。

不過，有些蒙特梭利的教育理念，的確可以在家裡實踐。

對我來說，有條必定要遵守的規條：

「**一定要滿足孩子的好奇心**。」

小H的好奇心超級旺盛，凡有問題一定刨根問底。對於孩子的問題，家長都不該敷衍了事。這個世界勝在有Google和YouTube，現在還可以向A.I.發問，活到老學到老，我的科普知識也莫名其妙進步了。

以下是小H七歲時會問的問題，歡迎大家接受挑戰：

「為甚麼蝙蝠要倒吊睡覺？人類可不可以像蝙蝠那樣頭下腳上睡覺？」

「雞是鳥類，但為甚麼雞不會飛？我們可不可以代替母雞孵蛋？」

「我們為甚麼會知道恐龍是爬蟲類？」

「為甚麼船一進水就會沉船？」

「正常人有二十三對染色體。多出了一條染色體，就會有唐氏綜合症。多出兩條染色體，那又會有甚麼病呢？」

絕無花假，這些都是小H想像出來的提問。雖然我以前也是理科的高材生，但遇上這些問題也只能上網搜索答案。

此外，**我通常不會直接給予答案，而是引導孩子去思索答案**。

兒童都會有好奇心，在腦中組織萬物的因果關係。

別小看兒童的推理天分，他們觀察事物的洞悉力，往往令大人自愧不如。

鼓勵在錯誤中尋找答案，這正是科學精神的底蘊。

蒙特梭利教具的設計，大都會令幼兒察覺錯誤，引導他們自我修正。例如操作「插座圓柱體」的時候，孩子一旦發現尺寸不對，他就會重新排列大小，直至全部擺對了位置為止。

大人都要信任孩子，相信他們有自學的能力，避免過度干預或控制。

如前文所述，我都會讓小H使用菜刀。這樣做的意義，就是讓他體驗現實世界中的風險。正如在蒙特梭利的教室裡，日常生活的教具都會採用玻璃器皿。因此，打破玻璃是可見會發生的事，但孩子知道東西掉到地上會摔爛，日後再次使用玻璃器皿，就會格外小心和專注。

相信每個讓孩子接受蒙式教育的家長，都會冒出這樣的疑惑：

「怎麼孩子好像甚麼都沒學過一樣？」

以過來人的經歷，我可以肯定這種教育法的益處，就是培養孩子獨立的人格和思維方式。不像背誦生字，很快會有立竿見影的成績，小H在蒙特梭利幼兒園學到的東西，可能要等到看不見的瞬間才會開花結果。

大人要求孩子一直走在正確的道路，甚至不惜走捷徑。

但有時候，繞了遠路，才能抵達真正的終點。

慢慢走，追隨孩子的步伐，這種心態正是我的育兒之道。

男生窮養，設定人生遊戲關卡

> “
> 煉成孩子面對困境的智慧，欣賞父母付出的一切。價值觀正向，人生就不會走歪路。

香港某網上討論區，常常有這樣的言論：

「在香港，男人玩的是 HARD MODE，女人玩的是 EASY MODE。」

這句話乍聽之下是搞笑之談，但參考近年考評局的報告，女生在升學方面確實展現出絕對的優勢。

以二〇二一年香港中學文憑試（DSE）為例，考獲大學最低入學門檻「33222」的女生約有 9999 人，佔女考生 41%；而男生則為 7317 人，僅佔男考生的 28.6%[1]。此外，在四個核心科目中，女生在中文、英文及通識科的表現普遍優於男生（通識科現在已變為「公民與社會發展科」）。

沒有機構出資讓我做研究調查。但根據個人身邊小圈子的統計結果，我亦得出了一個沒有科學驗證的結論：

凡是小男生，都會比較容易陷入讀書方面的困難。

1 資料來源：https://www.hk01.com/社會新聞/710261/dse2021-考評局報告-中英通識奪5-女生佔多-男生在數理科佔優

原因不言而喻，也很符合邏輯，就是「**女生比男生更早發育和早熟**」。

這是人類腦部和身體的成長規律，除非世上真的有聰明藥，又或者給孩子打生長激素，否則男女就是永遠有這樣的生理差別。

因此，女生的優勢在小學階段已經確立。

以前在我讀書的年代，中學會按照男女一比一的比例收生，也就是說男生只需要跟男生鬥，不必與女生競爭，這就是所謂的「男女分隊」。直到有一天，有位戰鬥力超高的家長投訴，平等機會委員會裁定違反性別歧視條例，教育統籌局便於二〇〇二年決定採用「男女合併派位模式」。

改例之後，收生不再有男女的比例限制，結果 BAND 1 的男女校都是女多於男。表面上公平，實際上忽略了女性比男性早熟的生理因素，對男生來說就是一種逆向歧視。升上 BAND 1 中學，就是半隻腳跨進了大學的門檻，形成對女生有利的升學環境。

因此，如果是「女生＋大B」這樣的組合，父母又懂得教育的話，基本上在讀書方面極具「屈機」的優勢（屈機是我那時代的潮語，現在我不知道怎麼說啦～）。**故此，假如你家的孩子是女生，讓她在香港升學是明智之舉**。

撇開作家感性的一面，我是個相信統計數字的理性主義者，正因為看見這種不利的因素，我便很猶豫帶不帶小H回去香港升學。至今，仍不排除這樣的可能性，但我會思考其他更好的升學途徑。

人生本是一場遊戲，升學系統也是某些人設計的遊戲機制。與其埋怨制度不公平，不如思考如何在有限的資源之下，找出提高勝算的攻略法。

哪裡升 LV 快？哪裡有加成 BUFF[2]？

物競天擇，了解遊戲規則，尋找適合兒女成長和佔據優勢的環境，也就成了我這個老爸的主線任務。

★窮養，給孩子灌輸正確的價值觀

我是個喜歡創新的冒險者，但骨子裡是個傳統保守的人。

中國傳統文化強調節儉、刻苦、品德修養等價值觀，富人為免後代淪為敗家子，於是有了「男生窮養，女生富養」的說法。除了成績，我更重視育兒的品德培養。

其實我們家是真的窮，而不是刻意為之。無心插柳之下，小H看著我這個榜樣，也從中學習到勤儉持家之道。

至今，小H還是沒有領過零用錢，他也從來沒跟我要過錢。因為國際學校的學生證等於儲值卡，我都是直接匯款增值。

再窮也好，我也不會讓孩子吃苦，不會令孩子自卑。

那麼，甚麼是窮養呢？

這是**精神上的磨練與德行養成**，而非刻意的物質匱乏。

2　BUFF 意指「增益」，在電玩或角色扮演遊戲之中，各種可以增強自身能力的效果或魔法。

窮養不是甚麼都不買給孩子，不讓他上甚麼興趣班。像 LEGO 這種益智的玩具，還有學習用的電腦設備，我都一定會買給小Ｈ。鋼琴課、運動課……甚麼錢都可以省，學藝費卻不能省，不可以剝奪孩子探索自我的機會。

窮養是一種心態，不要給孩子參加太多消費性的娛樂，也不要給他過度的享受。

即使是米芝蓮，也會有「平靚正」的餐廳入選。我都會發掘這種餐廳，帶小Ｈ去品嚐美食，自豪地說：「這是一間米芝蓮的摘星餐廳呢！你要記得爸爸對你多好！」

小Ｈ用舊手機也沒怨言，因為爸爸用的也是舊手機。即使電腦也是二手的，只要玩到酷愛的遊戲，他就會心滿意足。

「爸爸，我們要省錢，這東西不要買！」

「爸爸，回家吃飯比較划算吧？你累的話，就由我來煮。」

「我們有三個星期未坐過 GRAB 啦！我們好厲害！」

現在角色已經反轉，小Ｈ變成節儉小天使，都是他勸退我消費的慾望。有時我們寧願走兩公里路回家，也不會花錢叫車。

窮養的好處之一，就是讓小孩學會珍惜和感恩，明白物質得來不易，學會珍惜擁有的一切。

有時候我也擔心過火了，看見小Ｈ擠牙膏只擠一丁點，又看見他撿吃掉在桌面的食物，我都忍不住說：「我們家沒有這麼窮！生病了的話，要花更多錢去看醫生！」

窮養不等於過度受苦，而是有意識地創造具有挑戰性的環境。

爸爸負責設計一堆有難度的人生關卡，過程中會有升 LV（學習）的機會，會有寶物和陷阱（獎罰），最後打敗大魔王（清晰的目標成就）。

這種闖關式的成長挑戰，都會孕育出強大的戰士。但如果**一開始就給孩子最強的裝備——即是富養的概念，他就無法體會漸漸進步的樂趣，也失去了練功帶來的成功感。**

★國際學校同學之間的攀比問題

國際學校裡面，同學之間會不會有攀比的問題？

就我了解，這情況在香港和台灣比較常見。相比馬來西亞人，香港和台灣的有錢人富貴得多，能夠負擔國際學校學費的家庭，通常也是社會金字塔頂層的一群人。

學費便宜超多……這是我選擇帶小 H 來大馬升學的主因。可能是南洋的氣候，也可能是宗教的影響，這邊的有錢人都比較率性，穿著也相當隨便。外來的家庭都是小康之家，中日韓的真富豪應該

六歲的小 H 在香港書展會場舉牌。為免遭人懷疑違反《僱傭條例》，我要在此聲明，他只是來玩的，不是真的工作，以上照片純粹開玩笑。

也不會考慮馬來西亞吧？

在這邊的國際學校唸書，反而要面對的是種族問題。不論是外籍人士，還是本地人，也要學習如何與不同的種族共處。就算是小朋友，也會自動自覺「埋堆」，這是無法迴避的現實。馬來人跟馬來人一夥，印度人跟印度人一夥，華人跟華人一夥，日本人跟日本人一夥……民族就是這樣的一回事，所以大家不能怪馬來西亞的華人親中，因為站在他們的立場，憧憬一個強大的後盾是理所當然的事。

參加過家長活動之後……我就認清了自己家境貧窮的真相。其他家長的家產都是用「畝」為單位來計算面積的，雖然說東南亞的土地比較便宜，但有這麼大的一片土地，怎麼說也是地主級別的富人。有些看起來像農夫打扮的家長，跟他們聊一聊天，才知道他們是某某常春藤大學的畢業生。

只看外表的話，我會覺得自己比他們更富有呢！

在一個多民族的國家，人民對多元文化的接納程度也很高。在過來旅居之前，我一直以為伊斯蘭教與基督教不兩立，哪想到這邊一樣有教堂，最離奇是穆斯林也照樣過聖誕節，商場的聖誕氣氛比香港更濃厚。

香港、日本和台灣都有「厭童文化」，每當提到帶幼兒搭飛機，都會引起網民的公憤和謾罵。

在馬來西亞，穆斯林是主要的族群，教義鼓勵多子多孫，一家五口是很常見的家庭組合。

有次在街上，小H亂發脾氣，路人竟然過來幫忙哄他，遞出糖果逗他。在這種具包容性的社會，為人父母的壓力都會大大減少。

伊斯蘭教的教義是禁酒，酒後亂性，戒酒也未嘗不是好事。女性戴頭巾，穿罩袍，全身包得密不透風，這是堅持了千年以上的傳統，真的令人不得不服。地鐵列車劃分出女性專用的車卡，男女授受不親，請恕我思想迂腐，但我真的認為是西化社會已失傳的美德。

在我漸漸了解伊斯蘭教之後，便開始認同這個宗教的價值觀。

「天課（Zakat）」是伊斯蘭教五功之一，富人需要施捨財富，捐贈給有需要的窮苦家庭。這是一種宗教上的義務，旨在淨化富人的財富，避免過度的貪婪和追求物質的享受。

價值觀正向了，人生就不會走歪。

在這樣的環境成長，我相信小H不會學壞。

他的成績再好，賺再多的錢也好，但假如成為社會的敗類，我這個爸爸也只會感到無比慚愧。

只有知足常樂的人，才會擁有快樂的人生。

我期望兒子會明白貧窮，成為一個樂善好施的仁者。

中文為本，再好好學習英文

> 精通中英雙語是大優勢，在大馬仍然學得到中文；而先讓孩子學好中文，他的英語、數學也自然更容易學會！

小H曾向我投訴：「爸爸，你怎麼讓我唸蒙特梭利幼兒園，一下子又送我進去辛苦到廹死人的小學？」

這一點我的確有點亂來，等於將新兵一腳踢進特種部隊的訓練營。

初上小學的時候，小H適應得很辛苦，我又不懂注音，根本教不了他。雖然最後選擇了逃避，但我沒有全盤否定填鴨式教育的效果。台灣國小的國語教得很好，小H遇上了一位好老師，幫他打下了紮實的中文基礎。

來到大馬唸國際學校，小H又向我抱怨：

「為甚麼要廹我先學中文？先學英文不是更好嗎？」

「哈哈，因為我是作家，我希望你將來讀得懂我的小說。」

這種要兒子學中文的奇葩理由，放眼世界大概只有我講得出口。

說真的，我會選擇來馬來西亞旅居的原因之一，也是因為這邊有華人，平時溝通都可以講中文，而在書局都買得到華文小說。

以前在台灣接受的教育都是有意義的。

只要小H想偷懶，我都會唸出魔咒一般的句子：「你是不是想回去台灣讀書？」這番話比皮鞭更有效，他都會轉身坐好，立刻乖乖的去做功課。

嘿！讓他體驗過噩夢級難度的學習模式，他才會懂得珍惜現在這種天堂一般的小學生活。

先難後易，先學好中文再轉場學英文，這是我主張的語言學習方針。

無奈以我個人的體驗，我覺得兒子在台灣很難學好英文，這也是我們不得不離開台灣的原因之一。

針對台灣近年推行的雙語教學，名人蕭若元先生曾發表一段評論影片（可掃描下面的QR code瀏覽）。蕭生認為，母語基礎對學習第二語言至關重要，並批評了一些教育體系導致學生的中英水平皆不佳。昔日香港的雙語教育成功，就是勝在有英文中學，學校採用全英語的課本，以英語作為主要的教學語言——但在學生升上英文中學之前，小學的教學都以中文為主。

我的見解跟蕭生一模一樣，在台灣的時候，我只求小H學好中文，

掃描QR code收看《謎米香港》頻道 2023-09-09（網上截圖）

打好中文的基礎。

先鞏固母語，再學第二語言，將會事半功倍。

如果有穩定的語言輸入來源與支持（例如家中一語、學校另一語），則同步學習兩種語言是效率較高、且對認知發展有額外好處的做法。

但若語言環境資源不足或家庭無法提供雙語支持，則先鞏固母語再循序漸進學習第二語言也可行，重點是教學方式與語言暴露量的平衡。

為甚麼我堅持先讓小H學好中文呢？

因為我知道，我小時候在香港唸書，這種語言學習次序才是正確的，先學好中文再學英文，才有可能成就中英俱佳的雙語人才。

要解釋這一點，首先要問：「甚麼語言是最難學的呢？」

這是一個答案因人而異的問題，因為一個人學習外語的難度，主要是取決於他的母語。對華人來說，俄文是相當難學的語言，原因是中文和俄文在發音、語法和文字系統上有著巨大的差異。

這種現象在學術上有個名稱——**母語遷移（Language Transfer）**。

根據相關的研究，先學中文再學英文，跟學好英文再學中文，兩者的難度是不一樣的！

美國國務院外交學院會（FSI）曾針對英語母語者，發表了一個學習其他語言的難度分級表[1]。

1　美國國務院外交學院會（FSI）網站：https://www.fsi-language-courses.org/blog/fsi-language-difficulty/

英語使用者學習一門新語言需要多長時間？

類別	語言	學習時間
一級難度	法語、西班牙語、羅馬尼亞語、荷蘭語	約 24-30 週或 600-750 課時
二級難度	德語	約 30 週或 750 課時
三級難度	印尼語、斯瓦希里語	約 36 週或 900 課時
四級難度	俄語、印地語、坦米爾語、泰語、越南語、土耳其語、芬蘭語等	約 44 週或 1,100 課時
五級難度	中文（普通話）、粵語、日語、韓語、阿拉伯語	約 88 週或 2,200 課時

資料來源：https://www.fsi-language-courses.org/blog/fsi-language-difficulty/

對慣用「英文腦」思考的人來說，與英語有密切關係的語言，例如法語和西班牙語，都是最容易掌握的一級難度。但是，中文被歸類到極其困難的頂級難度，也就是先學英文再學中文是極不容易的事。

雖然沒有針對以中文為母語者的研究，但我們可以根據語言學的原理，來推斷和歸納出一個大致的難度分級表。

由於中文跟英語也是SVO（Subject–Verb–Object）的語序，只要中文學習者掌握了字詞的形態變化（動詞時態、名詞單複數），很快就能寫得出英文的句子。英語的發音，跟漢語拼音都有相似之處，不像某些語言會有顫音、黏著語或複雜的元音。

先學中文再學英文，難度只是中低級難度。

先學英文再學中文，難度是兩倍以上！

有些香港家長過度重視英文，讓小孩先

學英文再學中文，甚至放棄廣東話，根本就是「棄長取短」。

當然，任何研究都不是真理，信不信由你。

我的選擇就是讓小孩先學好中文，慢慢再學好英語也不怕。**當然，小孩還是要從小接觸英語，只不過以學習中文為主，不要讓英文喧賓奪主**。

★用中文思考，天生具有數學優勢

華人的小孩有一項很大的優勢——

這就是華人先天具備的數學感。

事實勝於雄辯，哪怕是美國派出的奧林匹克競賽隊，隊員竟然全隊都是華裔面孔。

我堅持先讓小H學好中文的第二大原因，就是要他習慣以中文思考和解答數學題。

華人有學習數學方面的優勢，原因在於 *The Number Sense* ——這是一個書名（中譯本《數字背後的語言》），作者 Dehaene 博士是一位認知神經科學家，他在書中提到不同母語對兒童學習數學的影響。

在 *Outliers*（中譯本《異數》）這本超級暢銷書中，世界

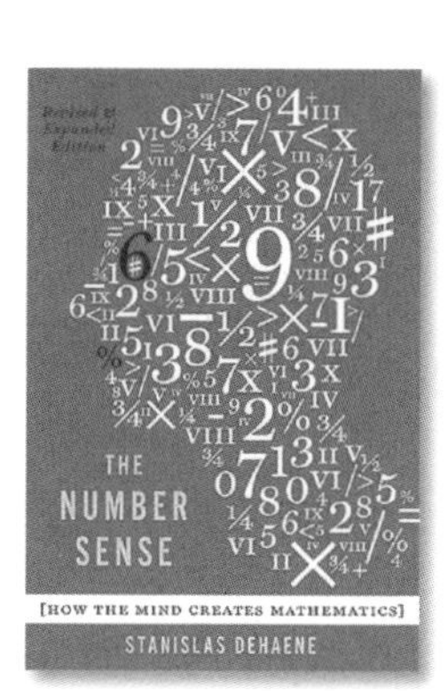

Outliers 及 *The Number Sense* 兩部著作都有探討人文因素對數學學習的影響。

級作者 Malcolm Gladwell 亦提到亞洲學生在數學表現上的優勢，一切歸因於語言系統和種植稻米的文化。正是中文的數字語言結構，學生更容易理解基本的數學概念。

漢語的單音節，比起英語的多音節更加簡潔。例如「十一」、「二十二」，比英語的 eleven、twenty-two 更直觀。像 five、six、seven、eight……都是兩個音節的英文字，因此西方世界沒有朗朗上口的「九九乘法表」。相比拉丁語系，中文數字音節短，讓短期記憶可保留更多數字，有利於心算。

因此，**先讓孩子學好中文，他的數學也會變好！**

反之，一旦習慣以英文腦思考，他在數學方面就沒有 BUFF[2]，等於自廢先天獨有的武功！

只要培育出數學思維，就等於打好其他理科的基礎。

在 IGCSE 的課程體制中，數學是核心科目，附加數學和統計學都是可以選修的數學相關學科。換句話說，對於擅長數學的考生，將來面對升學考試，至少有兩份考卷「十拿九穩、坐A望A*」。而且不像語言和文科的學科，數學科的考卷都有準確的答案，比較不容易失手。

只要數理方面的成績好，家長也不用擔心孩子考不上大學，少了人生的一大煩惱。

2 — BUFF 意思，見〈男生窮養，設定人生遊戲關卡〉註腳2（p.122）。

★大馬的語言環境可以培育出雙語人才

國際學校的兩大主流課程 IGCSE 和 IB，也有中文科目，對華裔學生來說當然是送分科。

馬來西亞是極少數保留完整中文教育體系的海外國家。

本地華人約有六百九十萬人口，中文在社區、商業和媒體中廣泛使用，在便利店買得到中文報紙，打開收音機聽得到中文電台。這邊的華人都會選擇入讀華文小學，從小接觸中文，底子不會差，這一點簡直是完勝新加坡。

我始終帶著私心，希望小H學好中文，所以才選擇帶他到大馬升學。在眾多可行的選擇之中，這已經是最好的選擇，暫時我也沒有後悔。

以我過來人的經驗，**至少要讓孩子唸完小學二年級，中文才會有有穩固的基礎，足夠讓他開始閱讀中文書籍**。

而根據《Science》期刊對超過六十七萬人的研究[3]，有以下的發現——

要達到母語者程度的語言語法掌握能力，**學習者最好在十歲以前開始學第二語言**，之後效果開始遞減。現時教育心理學的主流觀點亦一致認為，人類大腦在青春期之前，對語言的吸收最具可塑性，容易達到母語者的水平。

太早讓孩子以學英文為主，也許會令他厭棄中文。

3 | Hartshorne, Tenenbaum, & Pinker (2018) "*A critical period for second language acquisition: Evidence from 670,000 people.*" Science. (https://pubmed.ncbi.nlm.nih.gov/29729947/)

太晚讓他學英文，又錯失學習第二語言的最佳時機。

綜合上述各種因素，**假如要將孩子栽培成雙語人才，最適合轉換成全英語教學環境的年紀是八至十歲**。

可是，在學額競爭激烈的地區，中途轉校到國際學校並非容易的事，除非你的孩子好像漆黑中的螢火蟲那麼耀眼。

本來我的計劃是等到小H唸完小學，才看看要不要轉去國際學校。在現實層面，我發現是難以實行的計劃，因為填鴨式教育像一台榨汁機，把孩子的自信心榨成一團爛泥。到時候想轉校已來不及了，就算僥倖通過了面試，也未必可以適應國際學校的體制。

馬來西亞勝在國際學校夠多（全球第二多），香港人過來就是國際生，要通過入學面試也不是太難的事。這裡的國際學校會為新生安排英語加強班，小H本來連一句英語句子也寫不出來，但在短短八個月之後，他現在已懂得用英文來寫議論文……正是這樣顯著的進步，讓我覺得不枉此行，學費沒有白交了。

至於中文科，比起香港的課程，國際學校的課程都是顯淺得多。

中文科每週也要默書（這邊跟台灣一樣，也是叫「聽寫」），但多虧了台灣的軍事級嚴格訓練，現在的中文默書變成了小兒科的難度。小H的中文基礎遠勝這邊的學生，他只需要學一學簡體字，基本上可以輕鬆過關。

最重要是日常生活都會接觸到中文，所以小H也不會忘記中文。在課餘的時間，我借助「打機

學中文」這樣的妙招，甚至令他的中文有所進步呢！

這就是我選擇馬來西亞的原因，把孩子丟進這裡的國際學校讀書，就跟在香港一樣的情況，還是有機會同時學好中文和英文。

不管怎樣，我會一直在小H旁邊，不只是唸英文故事書給他聽，也不時跟他分享語言文字以至文學的美麗。

打機學中文，促進親子感情

> 反焦慮世代的解方，以毒攻毒戒掉手機成癮；當然亦不要忘記，重點是有父母的陪伴。

塵世間，對孩子來說，最危險的東西是甚麼？

剪刀？錯！籐條？錯！香煙？都錯！

答案是——手機！

當然有人可以爭論說毒品、槍械……甚至是鈕扣式電池，都會足以致命。但我未見過正常的家長，會遞上可卡因或真手槍，對孩子說：「來，試試看！」偏偏家長會向孩子遞上手機，不耐煩地說：「別吵了！這個給你玩！」

一部「智能機」，換來一個「笨小孩」。

《失控的焦慮世代》[1]這本警世的暢銷書，指出我們憑常識也可以得出原因的結論。下一代的年輕人只顧玩手機，結果形成缺乏耐性的個性，對壓力的適應力大幅降低，變得抗拒人際互動，或因羊群效應而做出傻事。

1——《失控的焦慮世代——手機餵養的世代，如何面對心理疾病的瘟疫》（*The Anxious Generation: How the Great Rewiring of Childhood Is Causing an Epidemic of Mental Illness*），強納森．海德特（Jonathan Haidt）著，鍾玉玨譯，中譯本 Net and Books 出版，二〇二四年十一月。

根據 ETtoday 新聞網在二〇二五年二月二十四日的報道[2]，美國南加州一名叫小奧哈里（Nnamdi Ohaeri, Jr.）的十三歲少年，疑似跟風玩了某社交平台上的「昏迷挑戰（Blackout Challenge）」，最後陳屍臥室。在死者的父親眼中，兒子明明「很有幽默感也很機智」，熱愛音樂與足球，絕不可能自殺，因此才會有此懷疑，無奈死無對證，哭訴亦無門。

手機和社群媒體正在重塑孩子的大腦，網上低品質的訊息正在腐蝕他們的心靈，影響孩子大腦在發育期間的神經連結，導致各種心理疾病，這時代的年輕人，重度憂鬱症的比例已經突破天際，前無古人……再這樣不管的話，人類可能要絕後了！

手機成癮的習慣，絕對是現代家長最頭痛的煩惱。

「跟兒女相處的時候，你可以不用手機嗎？」

這是我對各位家長的靈魂拷問。

甚麼叫「陪伴」？陪伴不只是共處一個空間，還要有交流才叫陪伴。

所謂的「陪伴」，不是你滑你的手機，孩子刷他的短片，否則你們的距離就像是「近在眼前，遠在天邊」。

想想看，當年的我們，在智慧手機和社群媒體還沒出現的時代，童年是不是都出去跟朋友玩？就算是打電動（即是俗稱的「打機」），也是玩一些「雙打」的遊戲，「上上下下左右左右 BA」才是最燦爛的童年回憶！

2｜資料來源：https://www.ettoday.net/news/20250224/2914108.htm

我們曾經自由自在的玩耍，調整步調與同齡的朋友互動，培養出課本上沒教的社交能力。

現在呢？

一個小小的螢幕，主宰了大人和小孩的喜怒哀樂。

尤其是弱勢家庭的孩子，手機摧毀了他們，一早到晚機不離手，在虛擬的世界裡虛度光陰，看膚淺的短片養成金魚腦。

「我也管不了！不給他手機，他就會哭哭鬧鬧。」現代的父母都會陷入這樣的困局，一次讓步，造就下一次的讓步，最後陷入無計可施的絕望。因為社交媒體和網絡短片的設計機制，就是要令人沉迷和上癮。

《失控的焦慮時代》的作者海德特博士建議，既然時代的趨勢難以獨善其身，家長能做的事，首先要延遲孩子習慣使用手機的時間。秘訣就是借著其他有趣的事情，來吸引孩子的注意力。

我個人選擇的解方就是以毒攻毒。

過來馬來西亞之前，我在香港買了一台$1300的二手電腦，讓小H玩一些益智的電腦遊戲。

因為電腦「不方便」，要在家才能使用，孩子就不會容易成癮或濫用。沒錯！「不方便」就是我要製造的效果。給他玩電腦還有一個好處，就是我可以使用家長

《失控的焦慮時代》一書引用大量統計數據，論證手機對青少年和兒童的危害。

監控功能，限制他的使用時間。

每次時間一到，孩子都要主動求我，得到批准才能繼續玩……嘿！老爸的權威就是這樣建立出來的！

當然，如果你的孩子喜愛閱讀，又或者愛跟你到戶外活動，那麼你應該要為孩子和自己鼓掌。尤其是在疫情時代成長的孩子，缺乏陽光和團體活動，更加容易成為焦慮世代的受害者。

「太陽曬曬，我要回家！」

兩歲多的小H說出這樣的話，差點氣死了我。

知子莫若父，他有天生的宅男傾向，有的沒的找理由留在家裡，我都要想辦法引誘他去公園玩。但是，有時候太累，我也想待在家裡耍廢……於是，我就會待在家裡，跟小H一起打電動。

最重要的是父母的陪伴，不一定要打電動。

總之要跟兒女一起做自己也想做的事。

對寂寞的成年人來說，那些相伴左右一起打電動的日子，恐怕已是一去不返的光輝歲月……有了孩子之後，等到他六歲左右，就可以重溫昔日的美好時光！老話有云：「陪伴孩子成長，就像重新過一次童年。」

我最喜歡跟小H玩一些白痴的遊戲，例如 *Sneaky Sasquatch*（中譯《秘密的惡作劇》）。當時兩父子輪流用同一個遙控手掣玩，互相提醒和討論下一步，發掘遊戲中的搗蛋元素……這一切都成為我和小H的私密回憶。每當想起這個遊戲，我都忍不住暗笑。

而且玩這種充滿生活元素的遊戲，還可以透過角色扮演，來讓孩子體驗這個世界的運作（例如要上班，開吊車賺錢），了解甚麼是金錢，我覺得很有教育意義，簡直是一舉兩得的親子活動。

以前跟朋友打電動，可以增進友誼。

同樣道理，跟孩子打電動，當然可以促進親子關係！

我再說一次——**陪伴才是重點**。

在少子化的時代，很多夫婦只生一個，孩子沒有兄弟姊妹，父母的陪伴就變得格外重要。

等到小H唸完小二，中文有了基礎，我開始讓他玩一些有劇情的遊戲。我心目中的好遊戲，都要有優秀的故事劇本。

不像我們小時候，一邊瞎猜一邊玩日文遊戲，現在STEAM上發售的暢銷遊戲，如無意外都會有中文翻譯。而且遊戲公司出得起錢，翻譯水準都不會令人失望。

即使小H來了馬來西亞，中文也持續有進步，極有可能是因為我讓他玩一款叫*Hades*的電腦遊戲。這遊戲雖然是動作遊戲，但是劇情好多對話，經常都要選擇技能，看不懂字就玩不下去（不得不讚的是這遊戲翻譯得很好，全部招式都是四

跟小Ｈ一起打電動，例如 *Sneaky Sasquatch*，是我們父子倆輪流玩的搗蛋遊戲。

個字，典雅中文，從中學得到四字成語）。

要說打電動會有甚麼副作用，那就是會令孩子變得愛幻想。

因為玩了 *Hades*，小H開始對希臘神話有興趣。

一天，老師問同學最喜歡甚麼動物，小H回答：「Phoenix（鳳凰）。」

老師又問他養過甚麼寵物，他繼續回答：「Cerberus（地獄三頭犬，在遊戲世界真的養過）。」

好在老師開明，沒有否定他的答案，否則又要驚天動地見家長了。

比起電腦遊戲，手機遊戲可差得多了——玩手機遊戲主要只用到右手的食指，手部和腦部的整體發展因而受到局限。

雖然我買不起 PS5，可是買得起 PS5 的手掣。

打電動為甚麼一定要用手掣？

那是因為小孩拿著手掣操作，通常都是雙手並用，需要動用大部分手指頭，可以訓練小孩手部的精細動作，繼而同步刺激大腦。這一點就和蒙特梭利的感覺統合操作，實有異曲同

打電動一定要用手掣，可以訓練小孩手部的精細動作，繼而同步刺激大腦。

工之妙。

最後，我要推薦一款超適合親子玩的遊戲 *It Takes Two*。

這遊戲曾奪得「Game of the Year」的最高榮譽，我只是趁特價時買來看看，哪想到一玩之下，竟然深受感動到不能自拔。

It Takes Two 最獨特是它的玩法，採用分割畫面，必須雙人合作才能過關。因此，孩子嚷著要玩的時候，家長必須陪他拿起手掣。

玩法很有創意，處處充滿驚喜，不時要動腦筋解謎破關，大人和小孩都會玩得不亦樂乎。

至於遊戲難度，既不會太高也不會太低，真的卡住的話，也可以上 YouTube 找攻略。

在遊戲的過程之中，我和小H免不了吵架，直到合力打敗「大佬」，那一刻互相擊拳，我倆都感受到並肩作戰的喜悅。

在我這個作家看來，這遊戲的劇本寫得非常好，男、女主角和書妖之間的對話精妙，不僅塑造了角色的個性，還令人反思婚姻的意義。假如有夫妻處於離婚的邊緣，我覺得給他們玩這個遊戲，可能比接受婚姻輔導更有效。

It Takes Two 的獨特之處是玩法必須雙人合作才能過關。

看到這一篇文章，也許有家長大皺眉頭——

「教細路仔打機？仲要學中文？真係咁都得？」

我教的育兒方法比較另類，但我就是這樣陪伴小H長大，我有信心給他一個快樂的童年。

不過讓孩子打機也必須要謹慎，因為留意到台灣最近出現小學生騙案[3]，有詐騙罪犯在網上遊戲尋找獵物，一旦孩子落入其中，成為受害者，真是不堪設想。為免在網上遊戲遇見騙徒，我只建議家長讓子女玩單機遊戲[4]。

所有給小H玩的遊戲都經過我的精挑細選。

當他長大了，再看見遊戲的封面，他就會想起爸爸的愛。

---

3 — YouTube 頻道【谷阿莫】不要被騙 EP1：小學四年級遇詐騙，被騙走的東西比金錢還貴。(https://www.youtube.com/watch?v=nv6_-wO76zg)

4 — 單機遊戲（Single-player game）即是不用連接網絡，僅在一台設備上獨立打玩的遊戲。

沉浸式學英文，生活闖關小任務

> 把握孩子的「吸收性心智」時期，以東南亞的價格，體驗全英語的沉浸式學習。

「我們稱孩子的心智為『吸收性心智』，它具有一種特殊的心理能力，這種能力在長大成人後會逐漸消失。因為對我們成人而言，想要獲得任何知識，都必須煞費苦心。」

這番名言出自瑪麗亞．蒙特梭利博士臨終前幾年的演講。

「吸收性心智」是她最重要的教育哲學之一，指的是**兒童在出生至六歲這段時期，具有一種自然且無意識的能力，能毫不費力地吸收周遭的知識、語言和文化，就像海綿吸水一樣**。

蒙特梭利博士將這個階段分為兩部分：

- **0至3歲為「無意識吸收期」**：孩子自然模仿和吸收資訊，無需特別教學，即是老生常談的牙牙學語。
- **3至6歲為「有意識吸收期」**：孩子開始有意識地探索與學習。

假如孩子自小在雙語家庭長大，對他來說是得天獨厚的優勢。不一定是中文和英文才叫雙語，廣東話和普通話也算是雙語。像我家的小H，他自小就懂得配對這兩種語言的詞彙，腦電波自動切換訊號。

在0至6歲這個黃金期，就算無法為孩子創造雙語的學習環境，也要讓他持續學習兩種語言，這樣就能發展出「雙語腦區」。

「喂，你在前文不是主張先學中文、再學英文嗎？」

有人可能會質疑我的說法自相矛盾。

「我再說清楚好了——先把中文學好打底，再開英文副本，重點在於主副分明，別讓英文偷渡變成孩子的母語。在小H八歲之前，我只是讓他有聽說英語的機會，平日上學全是以中文為主。」

如此說來，香港的兩文三語教育政策，大方向一直是正確的。問題只是出在學習的方法，太過著重抄寫和死記硬背，無奈這一切都是為了符合家長的期望。如果只論課程規劃，我個人認為香港的教育是全東亞最好的。

像我這一代人，都是先從書寫開始學英文。

但是，正如小孩學習語言的過程，順序應該由「聆聽」和「口說」開始。等到已有基本的聽說能力，可以理解一些簡單的對話，再加上閱讀與書寫練習，學習的過程才會更輕鬆和完整。

「哎呀，錯過了語言學習黃金期怎麼辦？」

有些家長可能很著急。

雖然「吸收性心智」有期限，這種能力並不是突然消失的，而是漸降式的遞減。六歲過後，孩子踏入小學階段，要吸收和學習新的語言，還是比中學生、成年人更有效率。

最理想的學習語言環境，當然是置身在真實使用該語言的地方，就像幼兒在母語環境中自然學會說話一樣。

這種方法即是「沉浸式學習（Immersive Learning）」。

Eric Lenneberg[1]的「關鍵期假說（Critical Period Hypothesis）」認為：

語言習得的最佳期約在青春期前，此時大腦的語言區可塑性最高。由此衍生的研究亦指出，沉浸式語言學習若從三至十歲開始，成功率最高。

「花了錢補習，怎麼孩子的英文還是爛？」

我也曾經有這樣的煩惱，在台灣時，咬緊牙關掏出學費，讓小H去某大機構學習英語，結果還是差強人意。

就連「WRITE」、「READ」這麼簡單的單字，小H唸到小學二年級，還是常常拼錯。我肯定他腦袋裡的英語詞彙，總和不會超過三十個。有好幾次我心灰到極點，覺得他是沒救的了。

殊不知是我錯了，只要擺對了環境，或者轉換一下學習模式，孩子就會展現學習語言的爆發力。

1 Eric Lenneberg 是哈佛大學的語言學與心理學博士，其論文「語言的生物學基礎」堪稱是神經心理學最具權威的研究。

★沉浸式學習的神奇成果

將小孩丟在全英語的環境，他真的會慢慢適應和吸收，這一點可是我的親身見證。

馬來西亞是適合沉浸式學習英語的國家，特別適合亞洲學生，尤其是中文背景的學習者。由於有華人社群，針對英語不流利的學童，也能在懂說華語的導師協助下循序漸進。

與香港不一樣，英式制度的國際學校每年分為三個學期。

在入學的第一個學期，對於英語水平不足的學生，大部分課表都是密集式的英語加強班。

在這種英語加強班，小H的同學主要是日本人和韓國人。反觀香港來的學生，英語都有合格的水平，未必需要上這種加強班。沒辦法，小H來自台灣，只好乖乖由零學起。

「我的好朋友唸了五個學期，還是卡在加強班喔～」

當小H說出這件事，我的面色變得鐵青。

嗚，因為這種加強班要支付額外的學費，我的經濟壓力真的好大。

本來我也打定輸數，沒想到經過兩個學期，小H的英語水平突飛猛進，現在已經看得懂全英文的數學題目。某一天，等車期間，他轉述班上的趣事，忽然飆英語，我很震驚他講英語那麼流利，發音比我更標準。

「Write的過去式是甚麼？Think的過去式呢？」

「Wrote！Thought！」

我偶然出題，小H都答得出來。

國際學校的功課主要是作文。我偷看他的看圖作文，發現他居然可以用過去式造句，還會加入角色對話……這樣的進境遠超我當初的預期。

第二學期結束，我收到校方的好消息，小H通過了筆試和口試，順利由英語加強班畢業。

他是吃對了藥嗎？

也許是我不停跟他強調「爸爸好窮」、「英語加強班要加錢」……這個乖仔很節儉，一聽到可以省到錢，他就會加倍認真學習。

小孩在語言方面的進步是突躍式的，家長千萬別低估孩子的潛力。

假如小孩的英語一直沒有進步，一定是用錯了方法。

六至十歲是很奧妙的時刻，尤其對小男生來說，他們都會突然開竅。

我再說一遍：

「**馬來西亞是適合沉浸式學習英語的國家，性價比世界第一。**」

在吉隆坡，雖然官方語言是馬來文，但最廣泛使用的語言是英語。商場裡的餐廳，餐牌都是以英文為主，點餐也是用英語。對我們這些不懂馬來語的人來說，學英語不是為了考試，而是為了生存。

沉浸式學習不僅是課堂學習，而是生活中的實際溝通。

學生在不斷使用、聽到、看見目標語言的情境中，大腦會自動進行語法歸納。與傳統的「記憶＋測驗」相比，沉浸式學習能創造深刻的「情境記憶」，學成的語言能力更為鞏固。

另外，學生減少對「正確語法」的過度焦慮，更重視人與人之間的交流，就會建立勇於說話的自信心。

★在生活中給孩子加插特別任務

我這個爸爸常常給小H挑戰：

「不如你幫我去買雪糕吧？」

真的不是偷懶，我是認真要讓兒子練膽，讓他使用英語去完成真實的任務。點餐、問路、借廁所……都是免費的學習機會。在超市購物的時候，我也會吩咐小H幫忙，去找指定的東西。

學校的老師也會給小H特別的任務，例如在走廊遇見不熟悉的老師，都要主動打招呼，而且至少聊上一句。

搭訕的本領，小H在蒙特梭利的教室已經學成，現在到了國際學校，更是發揮得淋漓盡致（不過有時候他會跟電梯裡的陌生人搭話，這一點會令我困擾）。

填鴨式教育是最高效率的應試方法，但只限於應付考試。

死記硬背也可以令學生迅速掌握文法和單詞，但副作用是澆熄孩子愛上語言的火苗。

活學活用，給孩子完成生活上的小任務，這才是既好玩又實用的學習法。

不只是孩子，在旅居的全英語環境之中，父母也可以學好英語。腦袋生鏽不是借口，只要有心，任何人都可以活到老學到老。

在路上，我會給小H突擊的考題：

「那裡有警車，英文怎麼說？」

「There has……」

一切如我所料，這是漢語思考者常犯的錯誤。

「Has？你確定英文是這樣說嗎？」

「哦！There is a police car！」

以上這樣的對話示範，也是蒙特梭利式的問答法——不要直接告訴孩子答案，而是啟發他思考，慢慢引導他自我修正。

與其將英語教育全盤托付給學校，不如父母親力親為，共同營造語言學習的環境。

有人可能會問：

「我打開電視機，在家裡創造英語環境可以嗎？」

理論上也許是可行的，但在我看來，這樣的學習是單向的，欠缺了互動的練習。

YouTube 上有很多教學影片，只要懂得發掘的話，可以找到適合小學生的自學資源。我也常常讓小 H 打開電視機，盯著大螢幕看網上影片，但這只是輔助的學習法，必須要在學校或生活上用得著，才會成為穩打穩紮的知識。

說起來，住在大馬還有一個好處，就是可以低價訂閱影音頻道。當 YouTube Premium 又宣布加價，很多香港人哀鴻遍野，我卻笑而不語——因為我的 IP 位於馬來西亞，在這邊訂閱家庭計劃，月費是 RM41.9（約 HKD73），而香港加價後的月費是 HKD208，差價差不多是三倍。

不過，有一類影片要盡量避免——簡單來說就是無腦的兒童影片。這類影片都有一大特色，就是轉場的速度極快，使用過度鮮豔的顏色帶來視覺的刺激，目的就是要令兒童上癮。

若是犧牲了幼兒的專注力，學到英語又有何用呢？

孩子最喜歡的故事，其實是父母陪伴在床邊的睡前小故事。如果有時間的話，親子共讀是啟蒙語言的最佳起點。

當孩子長大了，這樣的時光就會一去不返。

想到這樣的事，我都會捨不得。晚上做夢前的時光，我都會用故事來填滿小 H 的心靈。不只是要他學好英語，還要讓他愛上英語，沉浸在有趣的妙想世界，優美的語言將會化作星辰，陪伴他一路長大。

圖像法數學解題，善用科技自學

“

科技是一匹赤兔馬，駕馭它就可以跑得很遠。

當年小H在台灣讀書，學期一開始，就要填表團購字典。同班的家長在聯絡群組接龍，而我發現一個很詭異的現象，就是不少家長的訂購數量都是兩本。

不會吧……我彷彿看透了背後的玄機，立刻跟風訂購兩本字典。

字典發下來的時候，我面色和雙手都是一沉。

「有沒有搞錯？這本字典一千多頁，重得跟磚頭一樣！」

每天揹著這樣的字典去學校，我覺得小朋友很容易就會練出背肌。

原來台灣的中文老師都很著重查字典，課本中出現的每一個中文字，幾乎都要查部首、注音和筆畫，再在功課簿上造詞或造句……默書時，老師也會忽然考某個字的部首，更刁鑽的考法是吩咐全班：「圈出全部心字部的生字！」

幸好我洞燭機先，買了兩本字典，一本放在學校，一本擺在家裡，這樣才保住了小H纖瘦的脊椎。

以前小H在台灣唸書，書包都是超重的。

離開台灣的時候，最後兩本字典都丟進環保回收箱，真是造孽。

很多人都應該知道，在國際學校唸書，入學第一件事就是要買 iPad。

因此，現在書包變輕了許多。

小H每天都不用帶課本上學，只需要帶他的 iPad 去學校。

三歲定八十，我很早就覺得兒子是個理科人才。在我最初挑選國際學校的時候，特別在乎學校重不重視資訊科技。理科的基礎是數學，學校會考生在數學方面的成績也是我的評估項目。

學習應該是快樂的！

每天去學校，都會有去玩的感覺，這才是我心目中理想的學校。

★世界第一的新加坡數學

華人教中文，英國人教英文，印度人教數學……這就是我心目中最理想的老師組合。

現在小H的數學老師正是印度人。

「國際學校的數學一定很簡單吧？」

有人跟我說過台灣的數學課程比香港難，加上常常聽說英國人都是算術白痴，於是以為國際學校的數學科很容易應付。

哪想到……

小 H 學校教的數學竟然比台灣的程度要難得多！

數學竟是全班最多同學需要補習的學科。

英式學制的 Year 4，等於香港和台灣的三年級，在小 H 首個學期的數學課程，乘數表竟然要背到 12 x 12，直接要做三位乘兩位的乘法。到了第二學期，老師除了教除法，還教了因式分解，答案要四捨五入到指定的數位。我看了看小 H 現在做的題目，有些甚至是我以前中一才會碰上的題目。

執筆這一刻是第三個學期，小 H 的數學課程已經涵蓋了小數，要做分數與小數的轉換。

「爸爸，你不是大學生嗎？你教我做的題目，錯了三題……」

「噢！題目很 tricky，我看錯了……」

小 H 要做的數學題說難不難，但都需要活用頭腦思考。

而且解題的步驟都很特別，常常要畫圖表，跟我小時候學的數學完全不一樣。起初我以為是印度人教數學的關係，後來才知道這就是新加坡數學（Singapore Math）。

在過去十年，不論是國際數學與科學趨勢研究（TIMSS）[1] 的報告，還是國際學生評估計劃（PISA）[2] 的結果，新加坡的學生稱霸整個數學領域，常年霸佔世界第一的寶座。

1｜國際數學與科學趨勢研究（Trends in International Mathematics and Science Study，簡稱 TIMSS）。

2｜國際學生能力評估計劃 (Programme for International Student Assessment，簡稱 PISA)。

新加坡數學強調學生對數學概念的深層掌握，而非死記硬背。

小H在工作紙上，將分數畫成一行數棒。當我看見這一幕，忍不住驚呼：

「咦！這不就是蒙特梭利的數棒嗎？你小時候學過！」

蒙特梭利的數學教學很特別，都會使用實物來呈現數字，建立一種「可視化的概念」。計算過程直接使用教具，不需要在紙上寫數字，孩子都會感受到數學與生活的聯繫。

當我接觸新加坡數學，立刻發現這一套跟蒙式教學有異曲同工之妙，特點亦是「**視覺式學習**」。新加坡的孩子在數學方面表現出色，他們的秘訣不是瘋狂操練題目，而是使用畫圖的方式來解題。

以下這張圖，可以讓大家稍為了解何謂新加坡數學：

桌上有兩個蘋果和三個橙，一共有多少個水果？

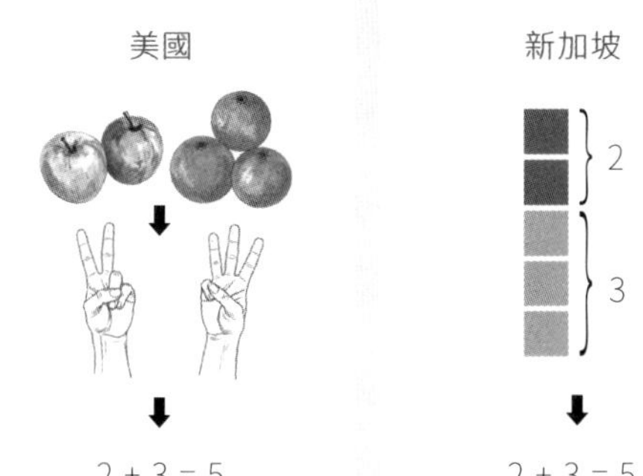

上圖示範了新加坡數學的「CPA 教學法」：Concrete 實物－ Pictorial 圖像－ Abstract 抽象，新加坡數學會畫成長條圖像，所以可以比較長度，建立「長度 = 數值」的概念。

很多國際學校，以至美國的私校，都開始引入新加坡數學，原因就是這套思考法有助學生理解抽象的數學問題。

假如孩子是數學天才，也許會覺得畫圖解題很麻煩。

但有些孩子就是數感較差，他們會在學習的過程中碰壁，因此討厭或害怕數學。**新加坡數學適合不同學習能力的學生，借助這一套學習法，學生面對複雜的難題，反而可以更快理清解題的思路。**

命運真是奇妙，小H就像武俠小說的角色，內功有蒙特梭利的基礎，現在又有機會修煉新加坡數學這種上乘武功……來馬來西亞之前，我真的萬萬沒想過，他居然會拜印度人為師！

★國際學校常用的教學 APP

現在的教學趨勢都是廣泛使用平板電腦，為學生提供線上學習資源。羊毛出在羊身上，在國際學校的收費項目，有一項「Technology Fee」，用來支付教學 APP 的訂閱費。

小H的數學功課都是在上課期間完成，如果他想做加強的練習題，就可以登入「Koobits」的網站。Koobits 是由新加坡人創立的教學平台，在疫情期間崛起。這個平台融入了遊戲化的系統，採用新加坡數學的教學法。在網上做練習題，爭取自己在班中的排名，比直接操練題目有趣得多呢！

學習英文也是很好玩，最常用的是「Blooket」[3]這個平台，由於有升級、成就解鎖及虛擬獎勵的元素，小H都會主動打開 iPad 來做文法選擇題。

3 — Blooket 是一款遊戲化教育平台，讓學生透過回答問題以獲得獎勵。平台支援多科目，適合課堂或遠距教學，提供即時數據分析。

另外，國際學校側重專案式學習，老師設計教學活動的時候，都會配合互動性的APP。例如小H學習火箭的發射原理，就要下載一個AR APP，在iPad上創製自己的火箭，再盯著螢幕，觀察虛擬實境中的火箭起飛。

「爸爸，我會編程了！」

小H的電腦科非常好玩，現在已經不是只教寫程式，而是直接教學生創作遊戲。一旦刺激了學生的好奇心，學生就會自己鑽研。小H會上網看教學影片，然後在「Gambit」平台創造出他的遊戲。

教育真是一分錢一分貨，學校收了學費，才能提供豐富的教學資源，讓學生有機會接觸到最新的資訊科技。不論是在台灣，抑或在香港，我都看見一些很有心的老師，不辭勞苦爭取資助，為課室增添電腦設備……無奈這些老師只是少數。

科技是一匹赤兔馬，駕馭它就可以跑得很遠。

時代不停在進步，每個國家的教育都要與時俱進，這樣培育出來的莘莘學子才不會與未來脫節。不過，一味盲目相信科技也不是好事，針對基本的書寫能力，還是要用傳統的方法打好基礎。當我看見學校還是會派發工作紙，讓小H用鉛筆寫字，心裡就感到很安慰。

在馬來西亞的國際學校唸書，我發現有件事很特別，就是「Minecraft」[4]在這邊非常受歡迎！很多男生的書包都是Minecraft的款式，只要Minecraft玩得好，人緣就會好。

4 — Minecraft是一款由瑞典開發者Markus Persson創造、Mojang Studios發行的沙盒式電子遊戲，於二〇〇九年首次發布。玩家在方塊組成的3D世界中自由建造、探索和冒險。支持生存模式（收集資源、對抗怪物）和創造模式（無限創作），可單人或多人遊玩，適用於多平台，深受全球玩家喜愛。

學校為了討好學生，甚至送給學生 Minecraft 教育版的帳號，在校的空間時間可以合法「打機」。

有一天放假，小H吵醒正在賴床的我。

「爸爸，我要製作3D模型，你可以教我嗎？」

「我哪懂3D繪圖！」

縱使在小H的眼中，爸爸好像無所不能，但我的名字不叫達文西，真的只是個凡人。

但他不甘心，吵著我要安裝3D繪圖軟件，因為他想自創遊戲裡的道具和動物角色。

「我查到了！要用的軟件是『Blockbench』[5]，你可以幫我安裝嗎？」

為了不想再聽到嘮叨，我盡力幫忙安裝了這個軟件。

之後，小H上 YouTube 自學，想不到真的學會了，成功製作出可以匯入遊戲的立體模型！

5 — Blockbench 是一種免費開源的3D建模軟件，支持像素藝術紋理的低多邊形和方形模型設計，可用於 Minecraft 模型創建，以及其他三維模型的設計。

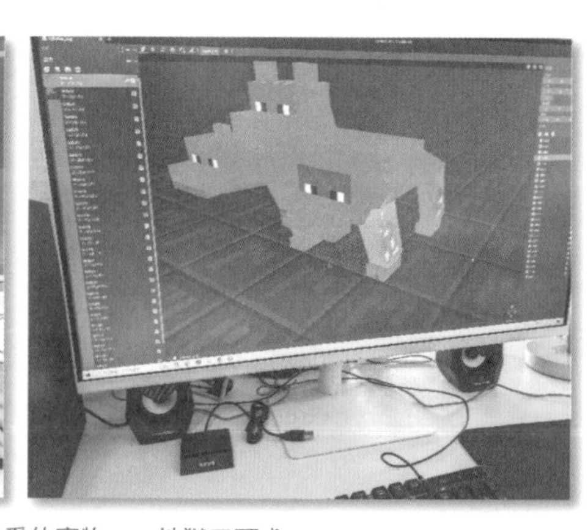

有圖有真相。右圖是他最愛的寵物——地獄三頭犬。

「爸爸，我想要自己的伺服器……」這是小H最近的請求。

Minecraft 簡直是開拓兒童 I.T. 潛能的最佳遊戲，「苦力怕」(Creeper) 是這遊戲的招牌角色，明明是敵人，卻深得小朋友歡心。這角色的設定也真是有趣，會衝向玩家自爆，除了愛吃 TNT 炸藥，也愛喝岩漿。

因為小H愛上這角色，開始玩 Minecraft。因為他玩 Minecraft，所以去學 3D 繪圖。只要有愛，就能燃起學習的熱情，展開一切的契機就是父母支持孩子的愛好，順水推舟水到渠成。

學習應該是快樂的，育兒也應該是快樂的事情！

某年萬聖節活動，小H扮演苦力怕（Creeper），負責在鬼屋裡嚇小朋友。

PART III：

大馬生活的體驗紀實

Comm
isis Touch
关爱
心
ISIS TOUCH Tel: 03-6157 7520 Website : http://touch@touchdialysis.org
GALAXY CAR DETA
hello

【旅居生活之日常】

父與子新生活體驗！

——探索異鄉風情，大馬的衣食住行……

我相信生命自會找到出路，窮則變，變則通，

大多數人都在怨天恨地，只有少數人有勇氣去改變命運。

我未必可以像富人一樣，給小 H 最好的一切，

但我願意為他付出我擁有的一切，

兩父子結伴走天涯，許他一個無憂無慮的童年。

彷彿回到九十年代的香港

"

馬來西亞人都很喜歡香港的文化，這裡比香港「更像香港」！

「歡樂今宵，虛無縹渺……」

二〇二三年來到馬來西亞探路旅行，當我在逛商場的時候，聽見場內飄揚的廣東歌，莫名其妙鼻頭一酸，心中感慨萬千。

最近一年，來到馬來西亞生活，我吃得最多的居然是港式點心和兩餸飯。這邊的茶餐廳都很有水準，蛋撻溢香，令我經常打包兩個回家。

大馬唐人開的餐廳都會播廣東歌，而這邊不只是華人，居然連馬來人都會講廣東話。

我問：「你們的廣東話是怎麼學的？」

他們都說是「TVB 畢業」或「聽廣東歌」。

所以，就算只會說廣東話，我敢保證也可以在馬來西亞活得好好的。

我會感概萬千，因為我覺得馬來西亞竟比香港「更像香港」。

這裡說的香港是我靈魂深處的香港，也是停留在我記憶中的香港，即是昔日的香港。

香港的餐廳不能播廣東歌，原因我也是清楚的。因為版權協會[1]會暗訪抽查，餐廳東主一旦被檢舉，就要被罰款。保護歌曲版權是一把雙面刃，結果沒有餐廳再播廣東歌，歌曲失去了傳播的空間，漸漸離開市井，漸漸褪色，漸漸消逝……香港的年輕人，又或者外地來的旅客，都不再偶然聽到一首歌而感動，繼而愛上香港的本地文化。

反觀馬來西亞人都很喜歡香港的文化。

有次坐 Grab，有位印度裔的年輕男司機告訴我，香港是他出國最想去的地方。

在香港人的口語中，會將「馬來西亞」簡稱為「馬拉」，並非出於冒犯，只是偷懶的諧音唸法。可是，在馬來西亞華人的耳中，可能會覺得不尊重。

背後隱藏的文化糾葛錯綜複雜，有大馬華人說過：

「**如果我們大馬華人可以接受別人稱呼我們為『馬拉人』，就是抹煞了我們華人祖輩在馬來西亞辛苦堅持下來的傳統文化與地位。**」

清朝末葉，南方的華人開始大遷徙。

漂泊的華人就像成熟的椰子，為了生計，為了逃離戰亂，搭上簡陋的紅頭船，穿越南中國海，乘著南洋的風，來到一片語言不通的新環境。

1 — 香港作曲家及作詞家協會有限公司（Composers and Authors Society of Hong Kong Limited，簡稱 CASH）。

開採錫礦，砍橡膠樹，在英國殖民者的監督下，他們做最粗重的苦工，胼手胝足開墾森林的土地。落地生根，既然回不去了，有人會留下來結婚生子。

華人男子與馬來女子的溫柔碰撞，就此誕生了娘惹文化。他們的後代，男的叫峇峇（Baba），女的叫娘惹（Nyonya），有如馬來半島上的朵朵奇葩。他們在薄紗上的刺繡，展現花卉、蝴蝶、鳳凰等吉祥的圖騰，造出一種叫可峇雅（kebaya）的東南亞服飾。除了粉色的陶瓷，還有珠寶，一顆顆小玻璃珠在鞋面上刺繡，結合中華工藝與馬來風情。

一道道娘惹菜，也融合了中式烹調的精髓與異域的風味，甜酸苦辣延續獨特的濃香。

移民來這裡的華人多了，要延續祖宗的文化和漢語，華人社群自發興建學校。至今，華校依然屹立，成為國民教育體系的一部分，象徵一種文化與身分的認同。

百年老樹，流芳百世。

茨廠街[2]的牌坊，天后宮的香火，農曆新年徹夜的煙花……會館是家，宗祠是根，那是血脈與姓氏的源頭，一代又一代薪火相傳。

在同一個熱帶的太陽之下，風繼續吹，雨還在下，見證過國破家亡，也經歷過日軍侵略……二戰後，一九五七年八月三十一日午夜，馬來西亞國父阿卜杜拉．巴達威（Abdullah Badawi）站在獨立廣場（Merdeka Square），高舉右手喊出：「Merdeka、Merdeka、Merdeka！」

2 茨廠街位於馬來西亞吉隆坡，是當地一條唐人街，以夜市聞名，匯聚多元美食、特色小吃與文化攤位，吸引遊客體驗濃厚的華人風情與熱鬧氛圍。

獨立的歌聲奏起，脫離了英國的統治。

華人已經是馬來西亞歷史的一部分，馬來西亞是大馬華人的國家。儘管一九六九年的「五一三事件」[3]留下重大的傷疤，這裡始終是大馬華人的家。

馬來西亞跟香港曾在歷史上重疊，處處遺留英國殖民地的痕跡，電壓一樣，車同軌書同文。

在檳城，你會找到比香港更像香港的舊式公屋。

電影《歲月神偷》的攝製團隊說過，如果不是找到永利街的舊唐樓，就會考慮到馬來西亞取景。很多到過檳城的香港人，都會覺得檳城似曾相識，遍地老舊的騎樓和殖民地建築，還有山頂纜車和渡海小輪，恍若重現昔日的香港。

我第一次在大馬進電影院，看的電影是《元素大都會》[4]。

茨廠街是吉隆坡具標誌性的唐人街。

3—「五一三事件」發生於一九六九年五月十三日，是馬來西亞吉隆坡一場嚴重的種族衝突，主要涉及馬來人與華人。事件起因於選舉結果引發的緊張局勢，導致暴亂、傷亡與財產損失。官方記錄約六百人死亡。事件促使政府實施新經濟政策，促進種族和諧與經濟平等，對馬來西亞社會與政治產生深遠影響。

4—《元素大都會》（*Elemental*）是二〇二三年皮克斯（PIXAR）動畫電影，背景為元素共存的城市，講述火元素女孩 Ember 與水元素男孩 Wade 的愛情故事。兩人克服元素差異與社會偏見，探索自我與和解，展現多元共融的主題。

看著水火不容的男女主角說出心聲，我感動得眼淚盈眶。由於成長和生活的文化背景，我們會對其他種族懷有偏見，甚至是歧視，戴著有色眼鏡看人。

以前在台灣，我發音不標準，有時會令別人聽不懂。

來到馬來西亞，這邊的華人一聽我說話，竟然會稱讚：「你的廣東話很好聽、很標準啊！」英國人一口英國腔，在美國受到青睞的虛榮感，我終於明白是甚麼的感覺。

因為我的經歷，我不會嘲笑別人的口音。

彼此交流的笑容，就讓我明白，縱使膚色不同，我們靈魂深處的元素都是一樣的。

馬拉人、印度人、華人……都是一樣的。

就算我只是過客，在這片異鄉生活，竟然找到奇妙的熟悉感，彷彿回到了九十年代的香港。

歲月如歌，相思風雨中。

每一首在餐室中縈繞的廣東歌，都曾經掀動我心中的波瀾。

七蚊一杯星巴克星冰樂

> 每天拿著手提電腦在大馬的咖啡店找個座位、點杯價格相宜的咖啡，這裡是數碼遊牧人的工作天堂。

「Hi! Sir, What can I get you today?（嗨！先生，你想點甚麼？）」

「Java Chips, Grande, please…May I use the coupon?（我想點大杯的摩卡可可碎片星冰樂。我可以用優惠券嗎？）」

對著蒙著黑頭巾的女店員，我腆著臉擺直手機螢幕，展示會員APP裡顯示的優惠券。女店員會意過來，默默在櫃檯的觸控屏幕上按了幾下，然後向我說：「OK. I scan you.（好！請掃描條碼。）」

「Thank You！（謝謝！）」我的聲音略帶興奮，有種暗爽的愉悅。

就這樣，我買到了一杯半價的星冰樂，原價RM16（約HKD28），特價RM7.95（約HKD14）。如果點的是較便宜的中杯拿鐵，那就真的只是七塊馬幣。

店裡的天花板至少五米高，周圍綠意盎然，與星巴克標誌性的綠色融為一體。落地玻璃窗透入自然光，令客人有置身在熱帶雨林的感覺。一半的座位都是真皮沙發，而且大部分位置都提供插座，方便客人一邊充電一邊工作。

「Sir, your drink is ready！（先生，你的飲料好了！）」

「Thank you so much！Have a nice day！（非常感謝！祝你有愉快的一天。）」我的回答總是彬彬有禮，潛意識似乎是要掩飾內心的尷尬。

我這個人臉皮嫩，每次用優惠價買飲料，都會感到不好意思。這家店的店員都認出我了，因為我總是不停用優惠券，幾乎沒有試過用正價買飲料，即使是本地人也沒有我這麼精打細算。

不過，如果是早上來星巴克，我也會用正價買套餐的，這也是我難得昂起頭走近櫃檯的時刻。

請猜一猜：「在馬來西亞這邊的星巴克，一份早晨套餐是多少錢呢？」

二〇二五年的這一刻，依然是RM15，即是不到HKD30，就吃得到一份配搭飲料的早餐。而且選項豐富，例如煙燻雞肉三文治、菠菜雞肉堡、蘑菇丹麥堡……還有我最愛的Chic-O-Cheese，芝士熱狗堡（熱狗是用雞肉做的）。

其實最便宜的早晨套餐是RM10（約HKD20），不過只可以選甜甜圈。我還是想吃有餡料的餐點，有時候省錢也不必省到盡，要善待一下自己。

此外，馬來西亞的星巴克，每逢星期四有項很特別的優惠……

「爸爸，今天是星期四喔？嘿嘿，我知道你為甚麼穿綠色的衣服。」

小H換上校服的時候，一邊斜眼盯著我，一邊笑瞇瞇地嘲笑。

我有點後悔告訴他：「哇！爸爸發現一個大秘密！原來每個星期四，只要穿著綠色的衣物，到星巴克買咖啡，就可以用RM10特惠價買到任何咖啡。」

所以，每逢星期四進入星巴克，都會看見很多男男女女身穿綠衣的奇景。當我偶然發現這樣的神秘優惠之後，立刻買了一件綠色T恤。除了上衣，穿著綠色的褲子也可以的，但我實在駕馭不了如何配搭一條綠褲。

由於小H的至愛是Minecraft，所以他有很多綠色的衣物，甚至有一頂男人避忌的綠色帽子。

「你幫爸爸去買飲料可以嗎？訓練一下英語。」

有時候，我會利用小H，父子必須依賴合作，才能好好在異國生存。

小H詭計多端，他會拿老爸來開玩笑，在其他人面前，指著我說：「我爸爸今天穿綠色衫，你知道為甚麼嗎？因為……」

兒子怎麼可以不尊敬爸爸呢！

我的教育方針是不打不罵，只好伸手掩住他的嘴巴，阻止他說出令人尷尬的真相。

回想生小孩前的日子（大約八年前），我在台灣也常常到星巴克吃早餐和工作，但隨著早餐由NTD140元漲價到我臨走時的NTD220元，我就感受到一股吃不消的壓力。在高物價的地區喝咖啡，都會嫌貴，覺得自己命苦，那杯咖啡也特別苦。

有人可能說：「在人均收入比較高的地區，咖啡當然比較貴喔！」

這不是我個人的偏見，而是有統計的數據支持。（請大家看一看下頁的圖表。）

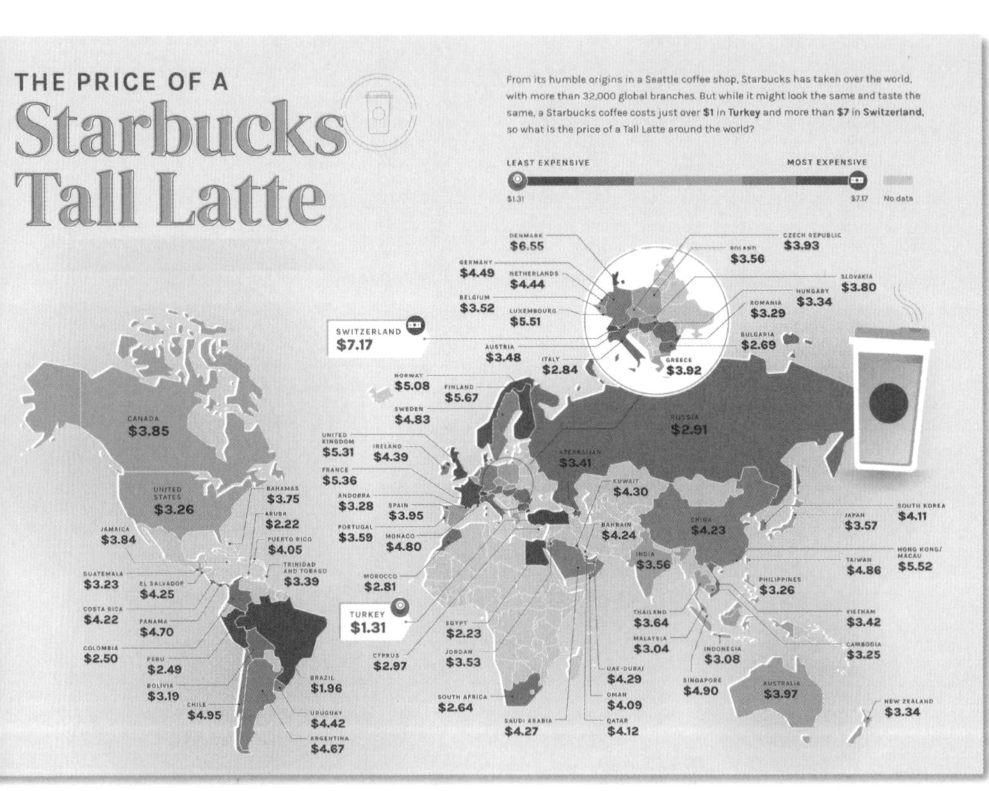

在台灣的星巴克喝一杯中杯拿鐵，價格是 USD4.86，比起美國的 USD3.26 更貴。
香港的價格是 USD5.52。香港人果然有錢，這一次贏了新加坡！
(圖表來源：https://www.visualcapitalist.com)

在通貨膨脹的社會，人民的收入慢慢被蠶食，只會變得愈來愈窮，可支配的財產也會變得愈來愈少。

當我寫這篇稿的時候，正置身在星巴克，享受用半價優惠券買回來的拿鐵。只要持有星巴克的會員卡，除了每週派發的優惠券，某些月份會有週一至週三特色飲品的半價優惠。這張會員卡除了有實體卡，還可以在手機 APP 註冊虛擬卡，出示條碼使用電子支付。每次充值 RM120，贈送 RM10 的折價券，大時大節還會額外再送紀念品。

星巴克這種推廣方法確實聰明，對於遊客或者不常喝的顧客，自然不會知道這些隱藏優惠，只按餐牌上的價格付錢買咖啡。另一邊廂，針對有點窮的顧客，就會因為優惠券而上門消費。

看在大馬的星巴克讓我喝了這麼多半價咖啡，這篇稿就當是老顧客的回饋吧！

另一家我很愛的本地咖啡店 Zus Coffee。好好喝的 CEO Latte，一杯只是 RM9（約 HKD16）。

二手／三手家品店淘寶之旅

"

旅居生活需要購置一些日用品，走進二手商店，去找找省錢又合意的東西吧！

「窮遊香港沒有甚麼了不起，窮活大馬才可以贏得世人的尊重！」這句話已變成了我的座右銘。

「省錢！我們要省錢！」這句話也變成了小H的口頭禪。

每當我有衝動去買「蜜〇冰城」的RM2雪糕，他都會用這句話來阻止我，三番四次令我脫離了增肥的危機。

某個淘寶的網站買東西，竟然有集運直送大馬的服務。不過，在大馬本地買東西也很便宜，通常是在這邊比較罕見的東西，我才會上網淘寶……由中國的碼頭航運過來，最少也要等兩個星期。

買生活用品我都會去一間叫「MR. DIY」的連鎖店，一開始我以為是賣五金產品的店，一逛才知道原來是超級雜貨店，即是類似香港的「日〇城」，但店面大得多。除了平價，MR. DIY的商品應有盡有，就連杯麵零食、冷凍食品都擺滿一排貨架。

在小H開學之前的週末，我為一件事感到煩惱——他的校服之一是白襯衫，如果不熨衣服的話，皺巴巴的很難看。

即是說，我需要一個熨斗。

當我去逛電器店，發現最便宜的熨斗竟然也要 HKD160。

我的目標價是 HKD100 以內，只要可以正常使用，不會爆炸就可以了。

於是，我輸入「二手電器」這個搜尋關鍵詞，找到一家叫「Cash Converters」的二手商店。

「喂，爸爸今天帶你去淘寶好不好？等我看看……我們要去的地點不近 MTR，但附近有商場，商場有接駁巴士……」

「對，我們不可以叫 Grab！省錢！我們要省錢！」

我看著小H那雙堅定的眼神，忽然自責起來——是不是教得他省過頭了？

以前讀三毛的《撒哈拉沙漠》，好記得她的生活樂趣就是撿破爛淘寶。

那種生活環境雖然貧乏，但有時候撿到好東西，真的可以樂上半天，這就是一種知足常樂的喜悅吧！

Cash Converters 的招牌就在眼前，門口有隻貓咪，牠對著我和小H，彷彿發出迎賓的叫聲。

推開門，櫥窗後的陳列架擺著佛像和花瓶，粉藍色的牆上掛滿了木吉他。除了二手商品，也有一些明顯看來是批發滯銷貨的小物品，例如撲克牌和玩具。店裡的貨品雜亂無章，卻又神秘莫測，配色很有東南亞風情的美感。右邊是中國風的陶瓷，左邊是西方的樂器，兩者交融，碰撞出中西合璧的視覺衝擊感。

店鋪深處就是電器區！我和小H不改初衷，一直朝正確的目標前進，這一刻除了感動，心跳亦開始加速。

當時我們還未買電飯鍋……貨架上有「大象牌」的電飯鍋，我看到那個價錢，曾經感到心動，冒出「要不要買？」的想法。最後還是沒有買，因為二手電飯鍋實在超出我做人的底線，感覺就像吃到別人的唾沫。

我也想買自動熱水機，可惜打開一看，內側竟然有詭異的污垢。

有些電器，乍看下以為是「Panasonic」，細看才發現是「Personic」。這應該是大馬當地很有名的土產品牌吧？

最後，我們終於找到了熨斗。可惜都是一些雜牌，我非常猶豫，遲遲無法下手。

這時候，耳邊出現了小H美妙的叫聲：

「爸爸，這邊也有熨斗！」

我立即衝過去小H那一邊的架子。

嗯，雖然沒包裝盒，證明是真正的二手貨，但至少是我熟悉的國際電器品牌。

左挑右選，最後買了一個大約 HKD80 的「飛〇浦牌」熨斗，符合我的預算。想不到店員還特地幫忙測試熨斗，又說有三十天的保用期。由於這間二手商店的服務深得我心，我又買了一個疑似從未拆封的電子燒水壺。

滿載而歸的時候，小H提出一個深具哲學性的問題：

「三手和四手不是更便宜嗎？為甚麼我們不買三手和四手貨？」

我沉默了半晌，好氣又好笑地說：

「二手已經很便宜了，不用再買三手！而且三手、四手都是用過，都只會當成二手出售。其實我們真的不是那麼窮的，至少我們不用撿破爛！」

小H沒有點頭，彷彿在懷疑我的說法，只是發出「嗯」的一聲。

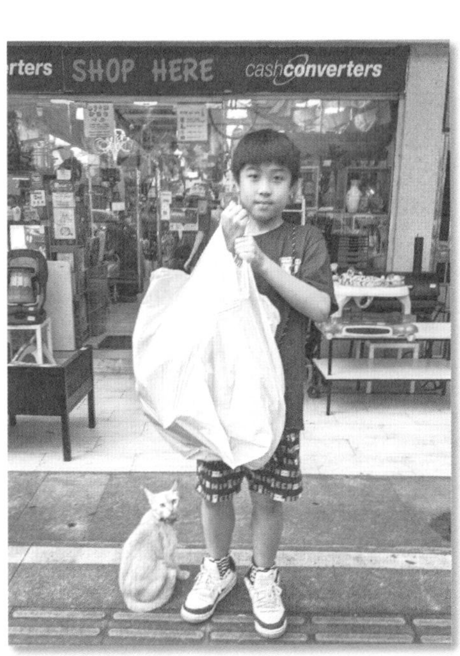

在 Cash Converters 二手商店尋寶之後在門外遇見貓。

住大馬不開冷氣才是真環保漢子

前往一個地方旅居，就要適應當地的天氣，住吉隆坡最大的挑戰就是開冷氣的電費！

新加坡前總理李光耀曾留下經典名言：

「**冷氣對新加坡來說是一項最重要、甚至是歷史上最重要的發明之一。有了冷氣，熱帶地區才有發展經濟的可能，人類文明的方向可說是因為冷氣而改變。**」

東南亞的經濟確實在冷氣普及之後起飛，冷氣環境大大提高了國民的生產力。

吉隆坡位於北緯三度，稱得上是赤道下方的地區。

這裡只有夏天，烈日當空的時候，躺在家裡吹冷氣可是一大樂事。

「馬來西亞的人均收入這麼低，冷氣費不會怎麼貴吧！」我曾經是多麼的天真。

當我第一次收到電費單，立刻嚇得尖叫出來：

「兩百七十三！」

我雙手捧著臉，露出名畫《吶喊》一般的驚訝表情。

電費大約是港幣五百左右，雖然在香港人的眼中不算很貴，但對我來說是大大超出了預算。在我過來旅居之前，看過其他人的生活成本分享，每個月的水費都是個位數，因此令我產生了誤解，以為電費也是同樣便宜。

為了省錢，首先要找出最耗電的電器——毫無疑問是冷氣機。

我招手叫小H過來，神色凝重地說：「北極熊很可憐這件事，你應該很清楚吧？為了拯救北極熊，我們要減少開冷氣……」

小H非常懂事，點頭回答：「我不怕熱！不開冷氣，我的鼻敏感就會好。」

我想了一想，不敢直接挑戰最高難度，便說：「晚上睡覺還是要開冷氣，否則我怕會熱醒……我們已經盡力了，北極熊不會怪我們的。」

入黑之後，馬來西亞的夜晚是很涼快的，這邊的屏風樓不多，所以開窗都有涼風。

只要早出晚歸，就能避開最熱的白天時段。

週末就去逛商場，或者在咖啡店迫小H讀書，盡情享用免費的冷氣。

可是，儘管禁用了客廳的冷氣機，每個月的電費還是落在 HKD300 左右，帳單也總是令我心痛。

「難道是電燈的問題嗎？」我發愁起來。

當小H聽見我的煩惱，立刻提出妙想天開的建議：「不如我們點蠟燭吧？」

我忍不住笑了出來，給他理性的答覆：「唔……不行啊！蠟燭也很貴的！」本來我想說電腦也相當耗電，但為免小H傷心發脾氣，只好把話吞下去。

沒想到來到大馬，兩父子為了省錢，竟然無所不用其極。

年初的時候，小H大病一場，這傢伙有踢被的壞習慣，怕他睡覺著涼，我索性關掉了冷氣。

熱到爆啊！最初不習慣，我都會在半夜冒汗醒來。

但人體有很強的調整機能，適應了之後，原來就不怕熱了。林超英果然沒說錯，拯救地球就是這麼容易。

世上無難事，只怕有心人。我們進化到晚上睡覺也不開冷氣，這可是連馬來西亞本地人都驚訝的壯舉！

終於，在我們移居大馬的第六個月，電費降到了RM100以下，沒有超過HKD200的門檻，之後更創下RM43的最低紀錄。

在熱帶地區生活不開冷氣，也算是解鎖了一項高難度的人生成就吧？

窮遊香港沒有甚麼了不起，窮活大馬才可以贏得世人的尊重！

在馬來西亞不開冷氣，就連林超英都要佩服我！

這是我吶喊發出的豪言壯語。

除了不開冷氣，我也不開車，要過一種減碳的生活。

自己泡茶也是環保行為，大馬最有名的茶葉品牌是「BOH」，很多遊客都會買來當手信。一盒二十五個茶包，誰想到整盒售價竟然不到五塊？我支持本地品牌，入鄉隨俗省到盡，一個茶包喝三天。

香港的兩餸飯，在這邊叫雜飯，而且可以堂食，免費供應茶水和例湯。我開始節衣惜食，過得像清教徒一樣……抱歉只能「惜食」，始終未能做到「縮食」。

喝飲料我戒糖，隨餐附送的那包糖我會帶回家，留來做菜。

總之我來馬來西亞，要過的就是低物慾的生活。

環保關冷氣，做個真的漢子！

天氣熱，就去玩水。圖為 TRX 頂樓的玩水區。

便宜到顛覆價值觀的 NSK 超市

“

馬來西亞的物價廉宜，而且當地不少人都會說廣東話，老媽感到驚喜，也喜歡上這個地方！

「嫲——嫲——！」

在吉隆坡機場的接機大廳，小H看見嫲嫲出來，立刻疾呼一聲。

我媽媽，即是小H的嫲嫲，在我倆安頓好之後，也來到了馬來西亞，剛好可以一起過中秋節。

「妳怎麼這麼晚才出來？」我替媽媽拿行李。

「入境排隊排了好久！你是不是幫我填錯資料？對方好像說我的國籍是中國，不是香港。」

我媽好厲害，明明語言不通，卻猜對了入境職員的意思。

現在入境馬來西亞，都要預先在網上填妥 MDAC[1] 的電子表格。十個香港人填表，九個都會填錯，我也犯了同樣的錯……因為國籍的欄位有「香港」這個誤導性的選項，哪知道根據當局的官方規定，香港人應該要申報「中國」這個國籍。

1 自二〇二四年起，所有外籍人士入境馬來西亞須於登機三天前在網上使用電子入境卡系統（Malaysia Digital Arrival Card，簡稱 MDAC）登記（https://imigresen-online.imi.gov.my/mdac/main）。

在機場叫 Grab 是痛苦的事，上車的位置總是人滿為患，最後總算在午夜之前回到馬來西亞的寓所。

翌日，飲茶吃飽之後，我第一個帶媽媽去的「景點」，就是一間名為 NSK 超平價超市。家母是個節儉之人，又愛在家煮飯，我投其所好，便帶她去一個可以盡情購物的地方。

NSK 賣場的東西是顛覆想像的低價——三十元港幣左右，就買得到一整隻新鮮雞。蔥是一捆捆賣的，像禾稈草一樣多，兩塊半一捆蔥，一個月也用不完。

聽到媽媽嘴裡不停說：「好平！點解咁平嘅？」我就知道她很滿意這個「景點」。

結果我們也買了大約 HKD400 回家。三大袋，重得要命，結果重到大袋爆開，東西掉到了地上，HKD60 的煲仔飯瓦鍋整個裂開。小 H 看見，立刻愁眉苦臉哭了出來，喊道：「我們虧錢啦！」我唯有安慰他說：「那個瓦鍋可能是有毒的劣貨，爛了，對我們的身體更好。」

都怪我低估了媽媽的購物能力，居然買了接近二十公斤的東西，早知道帶一個行李箱過去搬菜。

那一週我都在陪媽媽逛街，教她在馬來西亞求生的方法。

雖然費了不少工夫，總算沒有枉費我的苦心。媽媽不僅學會了使用 GRAB 叫車，也學會了使用 Google Lens 的即時翻譯功能。不管是英文，還是馬來文，只要手機鏡頭對準，都會自動翻譯成她熟悉的中文。

活到老，學到老。

現代的手機就是袖珍電腦，即使是老年人，也可以善用資訊科技，前往陌生的國家旅遊。老人家都不捨得花錢。正因為來到馬來西亞這種窮人的天堂，才可以令媽媽覺得這裡是個好地方。

人老了，最害怕是寂寞。

近年在香港機場，上演無數三代同堂離別的場面。

如果不是追求永久居民的身分，只是意圖轉換環境，離開一下香港，我覺得馬來西亞是不錯的選項。比起遙遠的歐美，馬來西亞勝在與香港只有四小時的航程，機票便宜一大截，可以方便探親。

「哦！怎麼有怪味？」媽媽一進店鋪，開始亂說話。

「小聲點！這裡的人都聽得懂廣東話啊！」我總是一再提醒。

在吉隆坡一帶生活，平日與人溝通都是用廣東話，至少有四分一的機會率遇見華人，就算我媽媽遇上突發事故，總會有熱情的大馬人上來幫忙。

假如你媽媽也是很節儉的人，帶她來馬來西亞絕對是一趟逗她開心的旅程（千萬別去宰客的遊客區，例如會有奸商在路邊販售超貴的榴槤）。如果連這邊的物價都負擔不起，真的不知道還可以去哪裡消費。

比起買東西，更開心當然是有小Ｈ這個乖孫陪她。

我媽實在太寵小Ｈ，連剝蝦子都要幫他。

這也令我想起以前幫 Emily 剝蝦的時光，繼承她血緣的孩子也會有人幫他剝蝦。

我們去了雙峰塔，也去了柏威年廣場，舉頭仰望，圓月高懸在繁華鬧市的上空，眼前是嫲嫲和孫子親密的背影。

海上生明月，天涯共此時。

時光不老人易老，除非有人真的發明出時間機器，我們的父母都一定會比我們先老。

人生總有一刻，你會發現爸媽老了，你就會驚覺陪伴他們的時間變得愈來愈少。

當你自己也成為父母，就會頓悟對父母來說，最幸福的事情莫過於子孫的陪伴。

媽媽為柴米油鹽煩惱半輩子，轉眼只剩下滿臉的皺紋。

我很高興可以陪伴媽媽過中秋。

但願年年都有今夜。

乖孫陪嫲嫲買菜。

餐餐幾乎都是吃中餐

真正的美食天堂！每天面對最煩惱的事情，就是不知去哪間餐廳吃午餐。選擇實在是太多了！

馬來西亞有的人口10%屬於印度裔，眾所周知，印度人吃飯都很豪邁，直接抓起飯粒就塞進嘴裡。

某次小H放學回來，我好奇問他：

「你有見到有同學用手吃飯嗎？」

「不只是用手，我見到有同學用腳吃飯！」

「甚麼？用腳掌怎麼抓飯？你在胡說吧？」

我瞇著眼瞪著他，很懷疑這一番話。

一早讓小H看過印度人吃飯的影片，等於打了預防針，受到的文化衝擊大大減少。想不到這次輪到他來考我：「爸爸，你知道印度人是用哪一隻手吃飯？」我想了一想，帶著猶豫回答：「右……右手吧？」

小H點了點頭，就像發現了恆河唯一的秘密，大聲說：「他們都是用左手擦屁股的！」說得好像偷窺過他們如廁一樣。

接觸地球上其他民族的飲食文化，真是新奇有趣。有時候看見丟棄的塑膠餐具，我會突發奇想——假如世人都像印度人一樣吃飯，環保組織就不用常常哭訴。

學校的飯堂為了照顧到不同的族群，都有中西餐點和咖喱料理可選，甚至會有素食的選項。人類的基因真是奇妙，小H遺傳了他媽媽的口味，愛吃西餐勝於中餐。偏偏我愛吃中餐，所以每天在學校吃 Pasta 或 Pizza，也許是他最享受的一餐。

雖然華人只佔人口四分之一，但在吉隆坡這種富裕的地區，我肯定華人的數目不只是那麼少數。因為這邊由華人開的餐館真的好多，多得超乎想像，燒賣蝦餃、叉燒牛腩、燉湯小炒、涼茶糖水……麻辣鍋和小籠包，更是比比皆是，雪隆地區的鼎泰豐分店數目，居然比台北市還要多。中國八大菜系的佳餚，我相信在這邊也嚐得到。有間叫「老二」的潮州菜餐館，我敢說是畢生吃過最好的潮州菜，這間餐館也在我光顧之後，實至名歸摘得了米芝蓮的星星。

我考一考小H，看著手機問他：

「哪間連鎖快餐店，在馬來西亞擁有最多分店？」

「Subway？KFC？麥當勞？」

「你這樣大包圍，一定答得對！答案是 KFC。」

這個答案也很令我驚訝，KFC 在大馬有超過七百間分店，遠勝其他連鎖快餐店。我猜是因為炸雞符合清真認證[1]，再加上大馬偶然有反美的浪潮，愈多人反的東西，往往愈受歡迎。

1 肯德基（KFC）在馬來西亞取得清真認證，即符合伊斯蘭教法標準，食材不含豬肉及酒精，其炸雞、漢堡等美食，合乎清真飲食需求，適合穆斯林顧客享用。

既然住在大馬，又怎會錯過本地的美食呢？例如Village Park的炸雞腿椰漿飯、興記的肉骨茶、上海人的石斑米線……

近年日韓餐飲連鎖集團進軍大馬，壽司郎、一風堂、牛角、Nene炸雞……由於日僑眾多，這邊也有由他們開的小餐館。

大馬是真正的美食天堂，對愛吃的人來說，食福真是匪淺。

我每天面對最煩惱的事情，就是不知去哪間餐廳吃午餐。

因為選擇真的太多了！

多到一個令我恐懼的地步！

單是由我住所步行距離八百米以內的餐廳，我吃過的也不到十分之一。

有時候某間餐廳令我滿意，我又想試一試其他菜色，所以就算是同一間餐廳我也吃不膩。再加上一有餐廳結業，立刻又有新開張的餐廳補上。這樣一來簡直沒完沒了，而且附近有個大型購物中心，裡面足足有三百幾間餐廳。

就像被太多美女圍著會導致厭倦美女症一樣，我已開始出現美食疲勞的症狀，有時無欲無求隨便解決，中午去吃兩餸飯就算了。

兩餸飯在這邊的叫法是雜飯，比較像台灣的「自助餐」，都是自己夾想吃的菜，再由結帳小姐憑目測估價。對香港人來說，除了最有共鳴的兩餸飯，就連懷舊的大排檔和茶室，馬來西亞這邊都有，而且是到處都有。

對我來說，香港已不再是美食天堂，因為我每次消費都會感到心痛。**真正的美食天堂，應該是窮人都負擔得起的價格，大吃大喝都不會有破財的感覺**。

「爸爸，你吃太多了！我們要省錢！」

小H三番四次提醒，我才懂得收斂，繼續堅持自己的減肥計劃。

在大馬的茶室點飲料也是一道生活難題。咖啡和奶茶都有複雜的組合配方，餐牌上的飲料品項往往有幾十種，常常令人不知如何下單。

美祿（MILO）是馬來西亞的國民飲料，有 YouTube 頻道做過盲測，很多人都分不出它和阿華田的味道。

美祿的飲法也是變化無窮，例如美祿混咖啡就是著名的「虎咬獅」（HOR KA SAI）。

此外，玫瑰奶露、羅漢果茶、青檸酸梅汁亦是大馬的特色飲品，全部都是在其他地方喝不到的風味，來大馬玩的朋友都值得一試。

美祿各式飲用 / 食法

餐牌選項	組合配方
MILO 美祿	美祿＋煉奶
MILO C 美祿西	美祿＋糖＋淡奶
MILO KOSONG 美祿扣頌	純美祿
NESLO 雀巢咖啡美祿	美祿＋ KOPI ＋ 煉奶
MILO DINOSAUR 美祿恐龍	美祿＋冰塊＋ 煉奶＋面撒美祿粉
NESTUM MILO 雀巢麥片美祿	美祿＋ NESTUM ＋ 煉奶
MILO TELUR	美祿＋生雞蛋
MAGGI KARI MILO	美祿＋咖喱 MAGGI 泡麵

马来西亚特产伴手礼
MALAYSIA SPECIALTY SOUVENIRS

大馬茶室常見飲品選項

餐牌選項	組合配方
KOPI 咖啡	黑咖啡＋煉奶＋淡奶
KOPI O 咖啡烏	黑咖啡＋白糖
KOPI C 咖啡西	黑咖啡＋淡奶＋白糖
KOPI O KOSONG 咖啡烏扣頌	無糖黑咖啡
THE 茶	紅茶＋煉奶
THE O 茶烏	紅茶＋白糖
THE C 茶西	紅茶＋淡奶＋白糖
Cham 摻	KOPI ＋茶（類似鴛鴦）
Cham O 摻烏	黑咖啡＋茶＋白糖
KOPI AIS 咖啡冰 / 咖啡艾思	冰 KOPI

家家都有會所游泳池

> 大馬的公寓都設有泳池，孩子上 P.E. 課學會了游泳，爸爸也因為游泳而成功減肥了！

二〇二四年的農曆新年，小H在學生手冊的記事欄寫下了新年目標：

目標：學游泳

執行計劃：去上游泳課

這個目標其實是假的。因為他本來立下的目標是「一拳打穿四棵樹」，也寫好了具體的執行計劃，包括如何買樹、如何訓練、如何在四個月內成為打樹高手。

結果班主任訓斥他不正經，要求重寫，他才寫下一個符合大人要求的目標：學游泳。

大人這種評語總是令我想起《小王子》的序章，那一頂藏著大象的帽子。

不過，無心插柳之下，小H還是實現了去年定下的「假目標」，真的學會了游泳。

雖然小H很擅長在泳池旁擺POSE拍照，但他在去年夏天還是旱鴨子，根本不熟水性。而且他自小忌水，就算水深只到膝蓋，他還是要穿助浮衣才敢下水。

說到「最佳運動」，根據哈佛醫學院教授Dr. I-Min Lee的建議，她將游泳稱為「完美的運動」。游泳屬於低衝擊運動，不會對關節造成損傷。此外，很少運動能像游泳一樣鍛煉全身的肌肉，而且有氧提高心率，促進心血管健康。

在香港生活，游泳池似乎是高級公寓的會所設施（而且要付入場費吧）。

可是，**在大馬這邊，游泳池差不多是所有公寓的標準配備，要找到沒游泳池的公寓，遠比找到有游泳池的公寓困難**。

帶著好奇心，我上網搜尋「公共游泳池」，竟然找不到任何公共游泳池！去問馬來西亞的朋友，他們想來想去，抓破了頭腦，都想不到哪裡有公共游泳池。由此可見，因為大部分社區設有游泳池，所以根本沒有興建公共游泳池的需要。

我租住的公寓當然有游泳池，反正房租包含管理費，不用就是浪費，游泳池也就成了我和小H經常使用的設施。

雖然我不是旱鴨子，但我從來沒上過游泳課，姿勢一塌糊塗，根本教不了小H。曾想過要花錢讓他去上游泳課，但總是懶得實行。沒想到學校的P.E.課都是游泳課程為主，小H的心態也由抗拒下水，漸漸變成很喜歡上游泳課。

這樣的事令我竊喜，因為等於省了一筆學游泳的開支。小H繼承了他媽媽的哮喘，有了游泳的習慣之後，他現在也比較不會氣喘。

「爸爸，我學會了蝶式啦！」

在住所的游泳池，小H向我示範「蝶式」，在我看來只是撲來撲去的跳躍式。好，就當是他自創的蝶式吧！

「爸爸，這是我的椰子式！」

椰子式？這小子學會了放鬆肌肉，面朝上，漂浮在水面上。

由於馬來西亞地大物博，國際學校的校舍都有一定的規模，通常都有足球場、室內運動場和游泳池。

聽說好像是英美體系的規定，游泳是P.E.科必修的課程。對小學生來說，游泳屬於「生活技能教育」之一，所以在大馬這邊上學，百分之百可以學會游泳。

躺在泳池裡漂浮曬夕陽，成了我每天最寫意的時光。

除了游泳，我也有跑步（緩步跑）的習慣。

馬來西亞這邊的天氣真的很熱，雖然住家附近有個適合跑步的公園，但那種太陽暴曬的程度，肯定會有中暑的風險。因此我也改變了昔日在台灣緩步跑的習慣，變成在健身室裡跑步（當然是使用跑步機）。

有人說游泳對減肥沒效果，但以我自身的經驗（體質）來看，游泳的減肥成效比跑步要好。我猜是游泳需要動用全身上下的肌肉，而跑步都只是使用下肢，要全面減肥的話，當然是游泳這項運動比較好。

經常流汗，經常喝水，馬來西亞真是適合減肥的天然桑拿室。

「咦！你好像變瘦了！氣色也變好了！」

不是自讚自誇，我這半年聽過無數這樣的讚美。

在加拿大旅居的時候，我的體重達到人生的高峰值，那時候一上磅總是超過80KG。離開台灣的時候，我的體重是78KG。

而來了大馬之後，我沒有特別做甚麼劇烈運動，體重卻驟降至73KG，事實證明「氣候環境對減肥的重要性」。

泳池和球場是交友的地方，我帶小H去打籃球，也認識了大馬的球友。小朋友在比賽的時候，我跟另一個爸爸聊天，他告訴了我一個叫「熱浪島」的景點。我立即搜尋，螢幕呈現美不勝收的沙灘，原來是位於半島東岸的旅遊勝地。

「在這個熱浪島的海灘潛水，在水底可以望得很遠很清楚，大概有一個籃球場的距離！」

一聽到這種描述，我腦裡就浮現了畫面。

這世界，實在有太多美麗的秘景。

現在去沙灘，小H不用再待在沙灘玩沙，他可以跟著我下水。

印尼有峇里島，這邊也近澳洲，對岸的東馬也是個海島天堂，而且有熱帶雨林……我想去的地方還有很多，以馬來西亞作為基地，玩遍東南亞，父子倆上山下海，這樣的冒險旅程一定畢生難忘！

我讓小H來到世上，就是讓他來玩的！

有了 Grab，就要有 Wise

> 在大馬生活，人生路不熟，日常出行及消費購物，究竟用哪種支付方法和工具最好？

來過東南亞的朋友都應該知道，在這邊假如沒有 Grab 這個 APP，等於魚沒有水、鳥沒有翅膀，根本是沒法生存。

打個比喻，Grab 就是東南亞版的 Uber。

我在書局翻書才知道，Grab 的兩名創辦人並不是新加坡人，而是馬來西亞華人。

Uber 具備的服務，例如叫車、叫外賣和網購生活用品，這些功能 Grab 都是一應俱全。不過比起 Uber，Grab 具備青出於藍的「電子支付」功能，可以用來應付日常的大部分瑣碎開支。

只要商戶的結帳櫃台出現以上圖案，就可以掃描條碼，使用 GrabPay 支付。DuitNow 的用途類似香港的 PayMe，支持的支付平台更加廣泛。

簡單來說，Grab

已進化成 Uber 加支付寶的合體。

「雖然馬來西亞大部分商戶都接受信用卡，但買幾塊錢的東西都刷卡的話，銀行的月結單會很可怕，密密麻麻都是帳項！」

我這樣的煩惱也是其他人的煩惱吧？

而 GrabPay 最方便之處，就是可以直接透過信用卡增值——任何海外的信用卡應該都ＯＫ！截至二〇二五年這一刻，VISA、Master Card、JCB 和 A/E 都是官方接受的付款方式（不計積分獎賞優惠的話，JCB 的匯率是最好的，Master Card 次之）。

不過，Grab 的電子錢包並非萬能，有時還是沒法派上用場。

例如我要訂閱某些串流影音頻道，網站只接受信用卡登記，可是又禁用海外地區的信用卡。

「好頭痛啊！」

當我向馬來西亞的朋友說起這件事，他就如同財務公司廣告的推銷員，背後彷彿閃出佛光，莞爾一笑道：「我教你申請一張好用的卡！」

他推薦我申請的卡就是「Wise」的 Debit 式借記卡。

相信香港人在網上搜尋，也常常會接觸到「Wise」這家公司的網頁。查了查維基百科，原來是一間總部位於倫敦的金融科技公司，已在倫敦證券交易所上市。

有了這張卡，就可以用來突破「油管 Premium」等平台的封鎖……不，應該說是「限制」，以馬來西亞當地的價格訂閱相關服務。此外，我發現在STEAM上買遊戲，用馬幣支付都是特別便宜的！部分熱門遊戲與港幣的價差可達一點五倍。

朋友又告訴我：「這張卡還可以讓你在提款機提款呢！」

原來這不是甚麼銀河的秘密，而是每個大馬聰明人都知道的生活竅門。

只要在大馬這邊租到房子，租約加蓋釐印（Stamp）之後，就可以上傳這份文件，用來申請Wise借記卡。全程都是透過Wise的APP呈交申請，開卡費大約是RM13，然後就會收到一張郵寄過來的實體卡。新卡由新加坡寄出，所以一個星期之內就會收到。

這張卡最強大的實用功能，就是可以直接用香港的FPS增值，再在馬來西亞這邊的ATM櫃員機提款。

香港入錢，大馬提現，不是魔術，就是神奇的WISE卡！

Wise的匯率貼近銀行的牌價，提款沒有手續費，暫時用Wise來換匯是以我所知最划算的手段。

最初來到大馬，我都是笨笨在找換店兌換馬幣，當我試過用Wise卡提款之後，都會心痛以前被找換店賺走的匯差。好，寫到這裡，我也覺得自己很「硬銷」，可是Wise真的沒找我賣廣告，本人的推介都是實際經驗的分享。

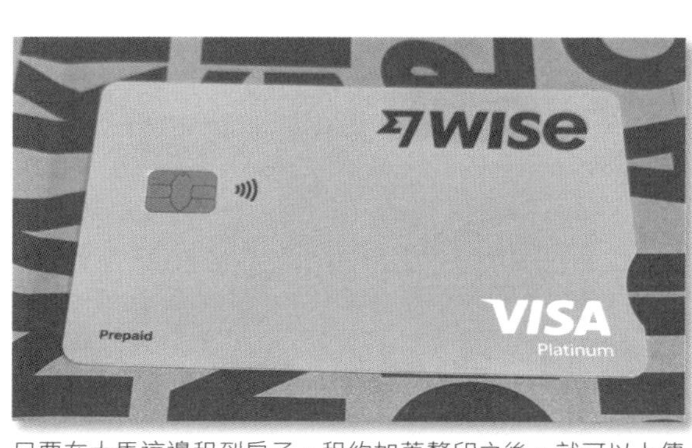

只要在大馬這邊租到房子，租約加蓋釐印之後，就可以上傳這份文件，用來申請「Wise借記卡」。

雖然有財務專家對這種 Debit 式的借記卡嗤之以鼻，但這些專家都低估了人心的陰惡。Credit 卡可是有機會被盜刷的！盜刷的損失都是數以萬計！在網絡詐騙猖狂的時代，又不想失去網購樂趣的話，用 Debit 卡來代替 Credit 卡進行網上交易，小心駛得萬年船，絕對可以避免這一種破財的悲劇呢！

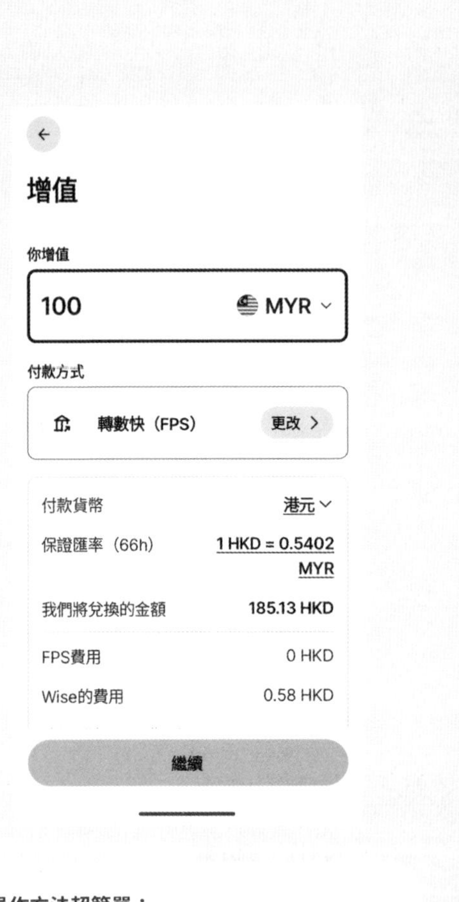

操作方法超簡單：

1. 打開 Wise 的 APP，按「增值」，輸入添加金額及貨幣，付款方式選擇「FPS」，就會出現詳細的轉帳指示。
2. 開啟自己常用的銀行 APP，按一般的 FPS 程序轉出款項，彈指之間就會增值成功。

女性專用的粉紅色車卡

> 馬來西亞仍保持一夫多妻制的制度，但別以為男權當道，這是一個女性受到保護的國家。

小H的大表叔曾在新加坡唸書，兩國鄰近，他也熟悉南洋文化。在我們決定來馬來西亞之前，大表叔問過小H：「你喜歡馬來西亞嗎？」

沒想到小H語出驚人：「喜歡！我將來要娶四個老婆。我不用工作，由她們來養我。」

大表叔哈哈大笑，瞟了我一眼，好像懷疑我灌輸了不正確的價值觀。

他接著向小H解釋：「要娶四個老婆不是那麼容易，你會辛苦得想死的！服侍四個老婆，比上班更累！而且你要入信伊斯蘭教，才可以娶四個老婆。」

按照這邊的風俗，男人想娶第二、第三個老婆，其實必須得到大老婆的同意。大老婆不准，男人就沒轍了。每娶一個老婆，男人都要給這個妻子單獨的住處，吉隆坡這邊的房價也沒想像中便宜，因此很多男人都「無福消受」。

在現代社會，馬來西亞仍保持一夫多妻制的制度，有說是為了解決人口短缺的問題。事實證明大馬的出生率遠高於香港、新加坡和台灣。

中國自古以來就是一夫多妻，不過要是有議員提出復辟古制，我相信他一定會招致「千婦所指」。

根據《古蘭經》的教義，女性的地位受到了保護和尊重。經文也定義了男女各自的責任，男性要保護和照顧女性，而女性必須好好顧家，妥善遮蔽身體保持貞潔。

最初在馬來西亞旅遊的時候，我發現有的女人蒙頭巾，有的女人卻沒有蒙頭巾。我一邊坐地鐵，一邊向小H驚訝地說：「我知道怎麼分辨馬拉人和印度人了！」當時僅有七歲的小H，搶著回答：「爸爸，我一早就知道了！戴頭巾的是馬拉人，不戴頭巾的是印度人。」

我「吭」了一聲，接著又問：「那你知道印度女人的額頭，中間為甚麼有紅色的一點嗎？」其實我也是上網查了維基百科，才知道那紅點叫「Bindi」，就是一種結婚的印記。已婚的婦女會在眉心點上硃砂，除了表明婚姻狀態，也當成一種吉祥痣。

相比西化的大城市，這邊的女性確實衣著保守，這一點我覺得對小孩來說是好事。當初亦有朋友推薦泰國的國際學校，但我完全沒有考慮，就是因為泰國那邊的人穿得比較暴露，性別混淆的危機也有可能出現。

故此，在大馬生活，無時無刻都要切記「男女授受不親」，否則一個不慎越界，隨時就會觸犯法例。

「You should not be here.（你不該在這裡出現。）」雖然女人輕聲細語，但她的態度相當嚴厲。

我立即環顧四周，才驚覺車廂四周只有女性乘客。剛剛我低頭玩手機，直接走進到站的列車，沒注意自己走進了粉紅色的車廂。

那次我可尷尬得想跳車，低頭說了聲：「I'm very sorry！」便匆匆離開，踏過了紅線，便是正常的車卡。

和日本一樣，馬來西亞的地鐵也有女性專用的車廂。

只要女乘客不想和陌生男人鄰坐，航空公司就一定要尊重她的意願，花時間說服其他乘客調位。

有評論說這是反向歧視，反對這種保守的性別隔離。我個人倒是支持，保守也有保守的好處，這是男人對女人的禮讓和尊重。女性的體能天生比男人弱，這是無可否認的事實，假如我生的是女兒，我也希望她在社會上受到保護。

在馬來西亞的大型商場，也有女性專用的停車位。女性停車位都是靠近大門口，比較多人潮，讓路人容易看得到。比較高級的 Tier 1 商場，甚至有專門的保安負責看守。

最初設立女性停車位，其實源自一宗轟動全馬

馬來西亞的地鐵設有女性專用的車廂。

的血腥慘案。

二〇〇三年，二十八歲的王美娟由美國回來探親，她和家人在孟沙購物中心吃完晚餐，發現忘了帶停車卡，於是獨自下去停車場取卡。不料停車場出現歹徒，連人帶車劫走，撞斷出口欄杆飛馳而去。四天後，警方在舊巴生路的建築工地發現一具焦屍，經過 DNA 檢驗，證實是王美娟罹難。

自此，許多商場的管理公司為免悲劇重演，開始改善停車場的安全設施，當中包括規劃女性停車位。政府亦通過相關法例，在商場建造之前，地產商必須遞交申請，需要保留一定數目的女性停車位。

這種漆上粉紅色的停車位，我也只是遠遠看過，因為只要一接近，就會有保安過來問話。我看著保安踏上電動平衡車，確實在認真巡邏，就連汽車內部的情況都沒有忽視。這也成了我離不開吉隆坡的理由，這邊的大型商場不會令人失望，帶孩子逛街都會自然感到安心。

有人可能質疑：「在追求男女平權的時代，女性的特權是否背道而馳？」

在我看來，父權社會已經橫行了幾千年，現在給予女性特權，也只不過是償還公道吧！現在仇女的男性網民有上升的趨勢，男女雙方互相尊重，這樣的世界才會美好吧？

選擇手機號碼的旺財法則

> 馬來西亞的5G上網費用便宜，正好讓數碼遊牧人盡用數據，非常方便工作與生活需要。

Tan大哥是我在大馬認識的朋友，初見時，還以為他姓鄧，原來「Tan」是福建話的「陳」。

Tan大哥為人豪爽，時不時約我去飲茶。他雖是馬來西亞人，卻比香港人更像香港人。他在香港打滾了二十年，娶了香港太太，廣東話比我還標準，而且聲音迷人，令我懷疑他是被俗世耽誤了的電台DJ。

有一天閒話家常，他教我選擇手機號碼的旺財法則：

「尾數很重要，1太孤獨，2容易當二奶，4與『死』同音，華人當然要避忌。7字也不太好，與破財有關。要選6、8、9這些吉祥的數字，3和5都不錯，但不能全是大數字，會太沉重，像揹著一座金山走路，一路發財一路喘氣。」

看來Tan大哥是個很迷信的人，我若有所思地回應：「哦！即是說物極必反，數字太大和太小都不好，重點是陰陽平衡。」

Tan大哥點了點頭，又說：「是的！以前我在香港開公司，註冊的號碼全是小數字，結果沒運行。換了個電話號碼，生意隨即蒸蒸日上，不到你不信！」

我腦中閃過自己現用的號碼，全是少於或等於 4 的數字，多數由 1 組成，難怪財運不順，桃花運也是零。

疑神疑鬼又何苦呢？必須換號碼，改變命運！

在大馬買電話卡是很有趣的一回事，走進電訊行的店鋪，一百多張電話卡的封套鋪在牆上，隨機出現的號碼任君挑選。因為選號不是盲選，只要你有心多逛幾家間，就有更大的機會找到合心意的號碼。

除了電訊行，便利店也有寄賣電話卡。每次我去便利店買東西，也會瞄一瞄有沒有特別的號碼，希望遇到一見鍾情的幸運號碼。

大馬的 5G 上網費稱得上是佛心價。我一直用 pre-paid（預付）的月費計劃，不用綁約，每月 RM25（約 HKD44），就有 60GB 的數據。台灣的電訊費很貴，以前我每個月只有 2GB 的數據，所以都是省著用，從來不敢播影片。來到大馬之後，我完全解開了枷鎖，但無論怎麼用，也無法將 60GB 用光，證明以前真的省習慣了。

不過，電話卡便宜對社會也有不良的影響——詐騙集團都愛採購這邊的電話卡。只要見到國家碼以「+60」開頭的 WhatsApp 帳號，那就是在馬來西亞登記的手機號碼。

為了限制小 H 玩手機，我給他辦了最便宜的學生方案，半年 5GB，不夠用的話，隨時可以增值。我騙他說：「你用手機玩遊戲，會下載很多數據。爸爸每次幫你充值，都要花很多錢！」小 H 至今仍信以為真，不敢亂用手機上網，生怕全家因為他而沒錢開飯。

大人擔心小孩走失，會買定位追蹤器，掛在小孩的身上。但假如像我一樣是 Android 系統的支持者，只要安裝「Google Family Link」的 APP，就可以隨時隨地顯示小孩的 GPS 定位。這是 Google 的免費服務，不費一分一毫，就可以全家長輩一同暗地監視小孩的行蹤（**而且可以監控手機使用時間**）。

即使人在海外，也照樣可以接收香港的來電。很多香港電訊公司都有「國際飛線」的服務，費用相對漫遊低廉。但現代人已經很少打電話，親友都是用網上通訊 APP 聯絡，直撥的來電不是推銷就是詐騙。

即使如此，出國旅居還是務必要開通「海外漫遊服務」，但要關閉「行動數據」，只需要連線到電訊商的網絡，這樣就可以在海外接收手機短訊。

即使身處海外，接收短訊都是免費的。

很多服務還是需要 OTP 驗證，例如你用信用卡在網上購物，還是會跳出銀行的網頁，需要你輸入發送到登記手機的驗證碼。如果懶得多帶一台手機，使用支援 e-sim 的手機，便可省去更換實體 SIM 卡的麻煩。

二十年前我曾旅居加拿大，相比那個要用地圖來認路的時代，現在流動網絡的便利性是劃時代的級別，沒有手機根本無法生存。在這時代展開 Work From Anywhere 的遙距工作模式，可比二十年前容易多了，天涯海角一咫尺，任何地理差距帶來的難題，都可以透過通訊科技來解決。

如果不試一試遊牧生活，就是浪費這個時代給我們帶來的機會！

接軌伊斯蘭世界的國際觀

> 入鄉隨俗，旅居者好好認識與尊重異國文化與習俗是必須要的。

旅遊最大的意義，就是接觸到異域的文化，感受一下其他種族的文化帶來的衝擊。雖然香港人眼中的異域通常只有「歐美」，但為甚麼東南亞不算是「國際」呢？

「跟誠哥作對，沒有好下場。」

這個道理，我相信香港人都不會反對吧？

既然這樣，我們也要相信誠哥的兒子——李澤楷積極在東南亞拓展市場，應該就是看準這邊的發展潛力。正當G8諸國的出生人口驟降，東南亞的人口紅利卻逐步顯現，年輕人口將會形成龐大的消費力和勞動力。

「東盟是甚麼，你知道嗎？」我這個問題，應該很多香港的中學生都答不出來。但我家的小H可以說出答案：「東盟就是東南亞國家聯盟！英文是ASEAN[1]！」

接著我又會問：「現在有哪些國家加入了東盟？」這樣反覆提問，

1—東盟（ASEAN，全寫 Association of Southeast Asian Nations）是東南亞國家聯盟，成立於一九六七年，旨在促進成員國經濟、政治與安全合作，推動區域穩定與發展。

就是希望他可以記住新加坡、馬來西亞、印尼、泰國、越南、緬甸、老撾、汶萊、柬埔寨和菲律賓這些成員國。

我又買了一張東南亞地圖，貼在客廳的牆上，讓小H認識鄰近馬來西亞的國家，希望有一天可以帶他去旅行。

我曾經考他：「哪些是信崇伊斯蘭教的國家，你知道怎麼分辨嗎？」

他沒有開口回答，而是直接指著國旗上的「星月」圖案，我就笑著點了點頭。

東南亞最大的市場是印尼，人口接近三億大關。

和馬來西亞一樣，印尼都是以伊斯蘭教為主導的國家。

「馬來語和印尼語基本上是一樣的。」這邊的出版業同行告訴我這樣的事。這種在這邊眾所周知的事情，我卻前所未聞。只要懂馬來語，過去印尼生活，在書寫和溝通方面都可以接軌。簡單作個比喻，這兩種語言「同中存異」，大概等於美式英語和英式英語的關係。

有些生活上的大小事，更是要親身經歷才能排除誤解。

因為伊斯蘭教禁吃豬肉，我以為在馬來西亞很難吃到豬肉，想不到只要有華人餐廳的地方，幾乎就一定吃得到豬肉料理。大名鼎鼎的肉骨茶就是用豬骨熬出來的啊！哪怕是在連鎖超市，都會有販售豬肉的專區。

穆斯林戒酒，可是在馬來西亞買得到進口酒。到處都有酒吧，除了供應啤酒，還歡迎孩童陪爸爸看球賽，送出「小朋友免費餐」的優惠。

我總是不厭其煩提醒小H：「你一定要尊重別人的宗教！在學校要小心說話，千萬別用『豬』這個字來罵人。這個字是禁忌中的禁忌，人家可以告你的。」

禍從口出，近年很多年輕人追捧的網紅也因為惹事生非，結果鑄成人生的大錯。例如Johnny Somali為了博取影片的流量，竟然在南韓褻瀆慰安婦雕像和播放朝鮮音樂，結果面臨最少五年監禁；「亞亞在台灣」在台灣宣傳武統，政府便吊銷她的居留證。

只要在大馬住滿一年，就可以認識到三大族群的節慶文化，包括印度人的大寶森節和屠妖節、華人的農曆新年……還有馬來人最重視的開齋節，即是慶祝齋戒月結束的年度盛事，亦是屬於穆斯林的新年。

齋戒是「五功」之一，通常在每年的三月進行。馬來西亞有個「月相觀測委員會」，要在本土觀察到新月才公布齋戒開始。所以，就算是同樣信奉伊斯蘭教的國家，各國的齋戒日都會有一至兩日的偏差。

雖然中國自古也有齋戒的習俗，但就算是遇上祭祀這樣的大事，好像也只不過是齋戒三天。

而穆斯林每年都要齋戒整整一個月！

由日出到日落之間，即是7AM至8PM（馬來西亞吉隆坡這邊，通常是8PM才完全日落）期間，穆斯林都不能進食和喝水。直到日落，穆斯林才會「開齋（Iftar）」，接著才開始吃晚餐。

這樣的修行要維持一個月，我真的對穆斯林佩服得五體投地。依我所見，咖啡店的顧客都會變少，很多餐廳在中午也變得空蕩蕩的，只剩華人和印度人消費。

每天「開齋」的時候，穆斯林都會先喝水和吃椰棗，所以一到齋戒月，超級市場就會擺設椰棗的專賣區。

椰棗不是椰子樹的果實，而是棗椰樹的果實。棗椰樹與椰子樹是近親，外觀也相似，果實卻差別很大，前者的果實成熟後會自然脫水，變成像蜜棗一樣的食物。棗椰樹是源自中東地區的植物，在《本草綱目》的名稱是「無漏子」。

對穆斯林來說，椰棗等同他們的生命之果。

我買了椰棗，一邊讓小H試吃，一邊問他：「考考你，為甚麼要吃椰棗？」

他一定覺得我這個老爸很煩吧？好在他不負所望，說出正確的答案：「我知道！因為椰棗的糖分容易吸收！」

「沒錯！就跟喝運動飲料一樣，吃椰棗可以迅

椰棗對穆斯林來說是生命之果。一到齋戒月，超級市場就會擺設椰棗的專賣區，每天「開齋」的時候，穆斯林都會先喝水和吃椰棗。

速補充糖分。吉隆坡塞車的情況嚴重，日落時間通常是下班時間，要是在這時間塞車，很容易就會餓暈……為免血糖過低，所以駕駛人士都會準備椰棗這樣的零食。」

此外，椰棗很有營養價值，先吃這種「甜品」塞肚子，亦有助於減輕飢餓感和降低食慾，避免暴飲暴食。如果大家身邊有印尼籍的傭人，這個月給她們買一盒椰棗，對她們來說可是非常溫暖的善舉！

齋戒月都會有當月限定的夜市，街頭美食琳琅滿目。

在這邊生活，也開拓了我對伊斯蘭世界的視野，我懷著尋幽探秘的好奇心，等到日落之後，帶著小H去逛這種名為「Ramadan Bazaar」的市集。

結果，當我們到達市集，大部分攤主都在收攤，只剩下冷清的燈光和人潮。

「爸爸！我要翻白眼了！」小H對我露出抱怨的目光。

「怎會這樣的？穆斯林不是日落後才吃飯嗎？」我啞子吃黃連似的。

原來市集裡不准飲食，大家都是買外賣回家享用，市集的營業時間竟然是傍晚四點半至七點半。所以如果大家在三月到大馬旅遊，想體驗一下齋戒月的特色市集，千萬別傻傻的等到日落後才去逛啊！

大到令人腿軟的華麗商場

"

吉隆坡以至周邊雪州的整個範圍，合稱「巴生谷（Klang Valley）」，整個大地區的商場總數高達一百八十間以上。

「為甚麼你們都沒有曬黑？不是待了一個月嗎？」

朋友知道我們去了馬來西亞過暑假，看著小H白滑的肌膚，似乎都感到很訝異。

「哈哈，因為我們很少在戶外，大部分時間都在逛商場。」

初到大馬旅遊的時候，我擔心會被打劫，所以只敢在商場留連。

住慣了之後，我常常在大街小巷中穿插，一天走很多路，不僅減肥成功，皮膚也曬黑了。

如果有人跟我一樣是喜歡陽光的人，覺得自己是「太陽能發電」，吸引日光精華就會變得好運的話……吉隆坡是充滿陽光的地方，很晚才會天黑。

來過吉隆坡或檳城旅行的朋友都會奇怪：

「怎麼晚上八點才天黑？」

答案嘛，請直接看下頁的世界時區圖。

+1
+2
+3
+4
+5
+6
+7
+8
+9
+10
+11
+12
-12
-11
ARCTIC OCEAN
Svalbard (NORWAY)
FRANZ JOSEF LAND
SEVERNAYA ZEMLYA
Kara Sea
Laptev Sea
NOVAYA ZEMLYA
Barents Sea
NEW SIBERIAN ISLANDS
East Siberian Sea
Chukchi Sea
RUSSIA
SWEDEN
FINLAND
Saint Petersburg
Moscow
Yekaterinburg
Omsk
Novosibirsk
Krasnoyarsk
Irkutsk
Yakutsk
Magadan
Bering Sea
Sea of Okhotsk
Petropavlovsk-Kamchatsky
ALEUTIAN ISLANDS
KAZAKHSTAN
Astana
MONGOLIA
Ürümqi
Beijing
CHINA
Shanghai
Guangzhou
Hong Kong S.A.R.
POLAND
UKRAINE
BELARUS
ROMANIA
BULGARIA
ITALY
Rome
GREECE
Black Sea
Caspian Sea
UZBEKISTAN
TURKMENISTAN
KYRGYZSTAN
TAJIKISTAN
TURKEY
Istanbul
SYRIA
IRAQ
Baghdad
IRAN
+3½
Tehran
AFGHANISTAN
+4½
Kabul
PAKISTAN
Karachi
NEPAL
BHUTAN
New Delhi
INDIA
+5½
Kolkata
BANGLADESH
Dhaka
MYANMAR
+6½
Yangon
Mumbai
Arabian Sea
Bay of Bengal
SRI LANKA
MALDIVES
THAILAND
Bangkok
CAMBODIA
VIETNAM
Ho Chi Minh City
South China Sea
PHILIPPINES
Manila
Philippine Sea
BRUNEI
MALAYSIA
INDONESIA
Jakarta
Makassar
EAST TIMOR
PALAU
PAPUA NEW GUINEA
NORTH KOREA
SOUTH KOREA
Seoul
Sea of Japan
JAPAN
Tokyo
Sakhalin
KURIL ISLANDS
Vladivostok
NORTH PACIFIC OCEAN
International Date Line
Midway Islands (U.S.) -11
U.S.
Eastward across Date Line subtract 24 hours
Westward across Date Line add 24 hours
Wake Island (U.S.)
Minamitori Shima (JAPAN)
Northern Mariana Islands (U.S.)
Guam (U.S.)
FEDERATED STATES OF MICRONESIA
MARSHALL ISLANDS
NAURU
KIRIBATI
SOLOMON ISLANDS
TUVALU
VANUATU
New Caledonia (FRANCE)
Fiji
TONGA
SAMOA
Coral Sea
Tasman Sea
AUSTRALIA
+9½
Perth
Adelaide
Sydney
Melbourne
Tasmania
Great Australian Bight
+8¾
+10½
Lord Howe Island
NEW ZEALAND
Auckland
+12¾
CHATHAM ISLANDS (N.Z.)
+13
LIBYA
EGYPT
Cairo
SAUDI ARABIA
Riyadh
YEMEN
OMAN
SUDAN
Khartoum
CHAD
SOUTH SUDAN
ETHIOPIA
Addis Ababa
SOMALIA
KENYA
Nairobi
CENTRAL AFRICAN REPUBLIC
DEM. REP. OF THE CONGO
Kinshasa
TANZANIA
ANGOLA
ZAMBIA
MALAWI
MOZAMBIQUE
NAMIBIA
BOTSWANA
ZIMBABWE
SOUTH AFRICA
Johannesburg
Cape Town
MADAGASCAR
SEYCHELLES
MAURITIUS
Réunion (FRANCE)
INDIAN OCEAN
British Indian Ocean Territory (U.K.)
Christmas Island (AUSTL.)
Cocos (Keeling) Islands (AUSTL.)
Ashmore and Cartier Islands (AUSTL.)
French Southern and Antarctic Lands (FRANCE)
ÎLES CROZET
ÎLES KERGUELEN
Heard Island and McDonald Islands (AUSTL.)
PRINCE EDWARD ISLANDS (SOUTH AFRICA)
(UTC)
(GMT)
13:00
14:00
15:00
16:00
17:00
18:00
19:00
20:00
21:00
22:00
23:00
Sun 24:00
Sun 0:00
Sun 1:00

馬來西亞時區

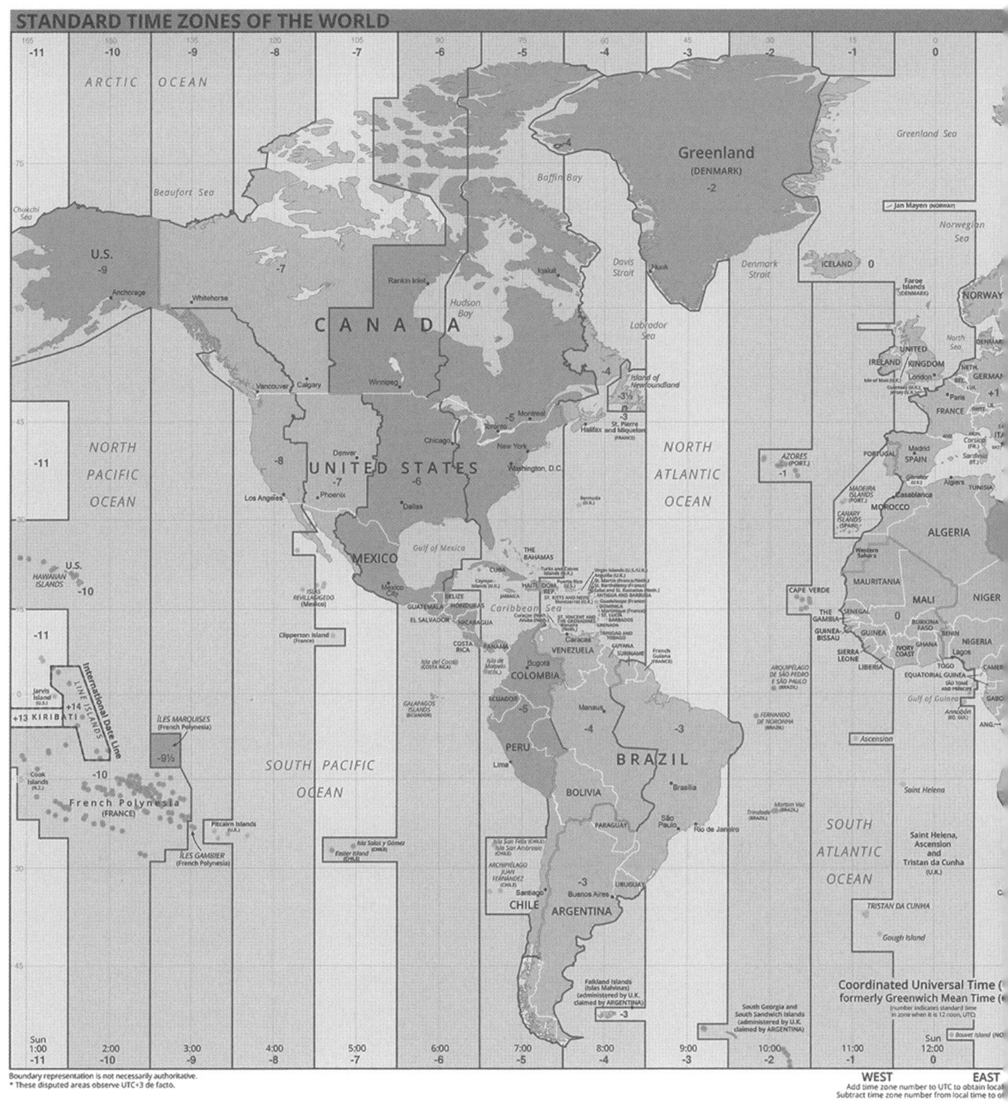

全球有 24 個標準時區，以本初子午線（經度 0 度）為基準，往東每 15 度一個時區，往西也每 15 度一個時區。 每 15 度經度就是 1 小時的時間差。

圖片來源：https://upload.wikimedia.org/wikipedia/commons/thumb/8/88/World_Time_Zones_Map.png/2880px-World_Time_Zones_Map.png

中國、香港和台灣同樣處於 GMT+8 時區，分割時區的豎線有個位置凸向了左邊，這個範圍正是馬來西亞和新加坡。

馬來西亞分為東馬和西亞，兩地的位置橫跨兩個標準時區。兩地合併之後，便統一採用 GTM+8 這個時區。地理上，吉隆坡的時區應該是屬於 GTM+7，即是和泰國一樣（泰國和香港有一小時的時差）。

所以，吉隆坡的八點其實等於香港的七點，所以會出現太陽很遲下山的錯覺！不過，吉隆坡的日出時間也相對變晚了，早上七點才會天亮，情況有點像歐美的日光節約時間。

因為很晚才天黑，這邊的商場也開到很晚，通常是晚上十點才打烊。即使是晚飯過後才出門，還來得及好好的逛，吃完糖水盡興而歸。

吉隆坡以至周邊雪州的整個範圍，合稱「巴生谷（Klang Valley）」。根據二〇二五年的數字，整個大地區的商場總數高達一百八十間以上。

有位久居吉隆坡的外國人，整理出一個巴生谷地區的商場分級表（見左頁圖）。

對於這個表的分級，我大致上認同，但我認為 IOI City Mall 值得升上S級的位置……始終 IOI City Mall 是全馬最大也是全球第三大的購物商場啊！這也是我個人最喜歡的購物中心，不只是逛街，還有特色遊樂設施……包括室內足球場、小小農場和刺激運動樂園等等。不過，那位外國人可能是覺得 IOI City Mall 比較偏僻，才給它扣分的。

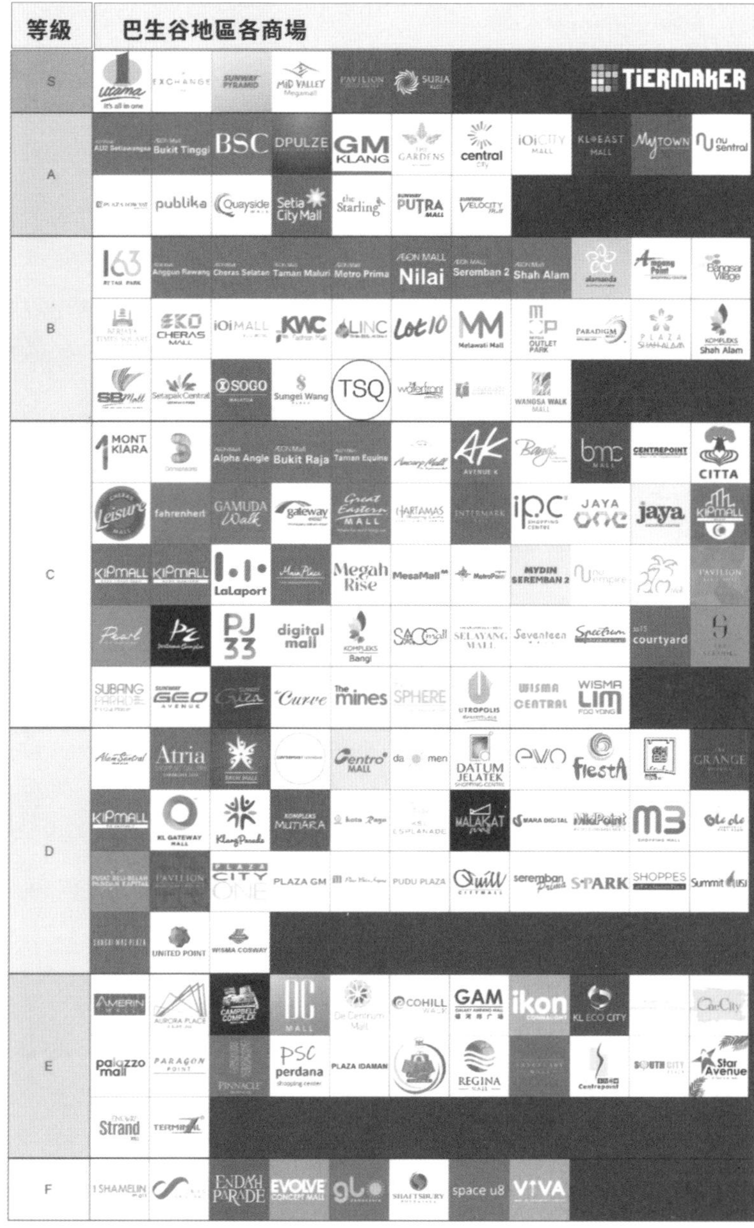

圖片來源：https://www.reddit.com/r/malaysia/comments/1atmcqk/i_have_visited_all_175_malls_in_greater_klang/?rdt=55595

如果大家來吉隆坡旅遊的話，只去S級的商場就夠了！S級的商場真的大得很誇張，裡面的餐廳多達數百間。我可以減肥成功，也是因為常常在商場裡走到腿軟，走馬看花也逛不完。

至於為甚麼有這麼多商場？

原因很簡單——因為熱啊！人人都會衝進商場「歎冷氣」，直接刺激消費。

我透過網上的資訊得知，很多新穎的大商場都是在最近幾年才開張，捷運地鐵網絡也是在最近十年擴建。我一直到二〇二三年才第一次踏足馬來西亞，所以我是在一個恰當的時刻，遇見了變得美麗的馬來西亞。

大馬的商場都會有Surau（祈禱室），對我這個外人來說，這是一種有趣的文化衝擊。

穆斯林有「五功」，其中一項就是一天必須禮拜五次（晨禮、晌禮、晡禮、昏禮和宵禮）。對我這種外人來說，每天要堅持這樣的生活習慣，難度真的比吃素更高，所以我真的很佩服穆斯林的虔誠。

不僅是商場，政府亦規定工作場所都要設置Surau。有些馬來西亞華人老闆會抱

大馬的商場內有很多減肥活動，例如室內攀岩。

怨：「馬拉人都比華人懂得偷懶！」雖然我這輩子只打過一年工，但對我這個人權主義者來說，「蛇王」不是偷懶，而是對抗資本主義的浪漫反抗！

雖然伊斯蘭教在社會有重要的地位，官方並沒有將伊斯蘭教定為國教，馬來西亞是接受世俗信仰的國家，所以這邊仍會有教堂和佛堂。華人拜佛，印度人拜濕婆，基督徒唱詩歌，誰也不妨礙誰，大家一起放假才重要！

住了一年，發現這邊的假期真的滿多的。

不少假期都是依照陰曆定日子，所以每年都沒有固定的日期。最有趣的假期是「蘇丹[1]生日」，每一州都有不同的蘇丹，但在他們生日的正日都是法定假期，成為一個全民歡慶的日子（蘇丹應該很想全部人民都記得他的生日）。

這邊有三大族群，公眾假期都和三大族群重視的節日息息相關，例如華人的農曆新年、伊斯蘭教徒的開齋節和印度人的屠妖節。由於各自都有盛大的慶祝活動，商場布置氣氛濃厚，所以才有一種常常放假的錯覺。

而且每一年都會有一些「隱藏的假期」，即是月曆上本來沒有的假期，政府突然宣布要放假。例如大馬某位運動員在世界賽表現出色，政府為了慶祝，就會臨時宣布突如其來的假期。這樣一來，人民心裡一定更加感謝那位運動員的貢獻吧！

1—蘇丹（Sultan），源自阿拉伯語，是封建馬來王朝的統治者，柔佛、吉打、吉蘭丹、彭亨、霹靂、雪蘭莪、登嘉樓、汶萊的君主被稱為蘇丹，是憲法承認擁有主權的元首。

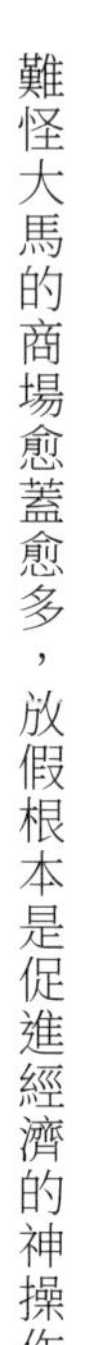

假期多了，商場人潮鼎沸，就會財源滾滾。

難怪大馬的商場愈蓋愈多，放假根本是促進經濟的神操作。

有迷宮的書店和有滑梯的影院

在大馬生活，不愁沒有娛樂活動。除了逛商場之外，書店及電影院都是親子好去處。

到馬來西亞生活，就要接受「公共建設和設施不如香港」的事實。

大馬這邊的公共圖書館，數目好像龍珠一樣稀有。打個比喻，就像整個九龍區只有一間公共圖書館。而且在圖書館申請借書證，都要支付按金。

正因為去圖書館借書太麻煩了，間接導致書局的生意變好。

「你學校的圖書館那麼漂亮，小息有沒有跟同學進去？」

「同學都討厭看書。每次經過圖書館，他們都會扯著我繞路走。」

我瞇眼瞪著小H。這傢伙是故意戳我的痛點嗎？

「爸爸希望你以身作則，令你的朋友愛上看書。」

「我的朋友會跟我絕交的。」

這番話由兒子說出口，我的心靈嚴重受創。

雖然如此，我還是常常帶他去逛書店，希望環境會有薰陶的作用。

BookXcess和大眾書局是兩大連鎖書店，前者專賣實惠價的英文書，各家分店的裝潢都很有特色。尤其是BookXcess在REXKL的「迷宮書店」，我認為是必去的神秘景點。近年誠品書店和蔦屋書店也來了吉隆坡插旗，讓我身處馬來西亞，也可以摸得到台灣新書的書皮。

說到大眾書局，香港人應該都會很懷念。這邊的大眾書局分為三大區，除了馬來文和英文書，也會賣華文的書籍。進口的華文書籍和漫畫都是舶來品，售價難免水漲船高。倒是本地出版的華文書籍相當便宜，雖然都是簡體字，但將來IGCSE和IB的考試也是寫簡體字，我個人沒甚麼執著，最好當然是繁簡體皆通。

想要以特價買書？帶著一台電子閱讀器周遊列國，便可以用最優惠的價錢，買到最新出版的電子書。（即是暗示大家要支持我的作品！我的作品都已經在Kindle和Kobo全線上架。）

在書店裡，每當小H不見了蹤影，我都知道要去電子產品區找他。在那裡，他拿著Switch的手製試玩遊戲。

「喂，你在幹嘛？」面對我的喝問，小H總是吐舌頭，擺出嬉笑

迷宮書店 @REXKL，是我去過最難忘的書店。

的臉。

真是的。既然這小子不想看書，我只好帶他去看電影。

我在香港的時候，說要帶小H去看《壞蛋獎門人4》。結果一站在自動售票機的前面，瞄了瞄電影票的價錢，我不禁打退堂鼓，跟小H說：「我們去馬來西亞才看吧！」

小H很懂事，一針見血地說：「好！我們省錢！」

這小子善解人意，很懂我的窮酸想法，最後我當然實現承諾，跟他在馬來西亞看了《壞蛋獎門人4》。

成人票價RM22，兒童票價RM11，這個價錢才對得住荷包。而且是很高級的電影院，只開張不夠三年，座椅和設備還挺新的。

第一次在大馬看電影，售票機上有「Play影廳」的選項。我大概知道是親子影廳，想不到有驚喜，帶著小H進去，眼前頓時一亮。

「哇！竟然有滑梯和『波波池』！」

不同的 PLAY 影廳都有不同的遊樂設施。

家長帶小孩去看電影會有壓力，而這是專門為兒童而設的影廳，放映時不關燈，座位都是適合親子併坐的大沙發。重點是螢幕前方的兒童遊樂場！看見那條好玩的長滑梯，我也跟著其他小朋友排隊，鑽進隧道，沿著滑梯滑到了「波波池」。

本地人進場，都有遲到的習慣，因為開場的廣告和預告特別多，至少長達十五分鐘。

電影院冷得像冰窖一樣，這十五分鐘的時間正好用來熱身，讓小孩盡情放電，吵吵鬧鬧本是孩子的天性。

很多父母帶子女遊大馬，常常跑景點弄得心力交瘁，倒不如索性放鬆，躺在親子電影裡看一齣卡通片。

這邊上映的電影相當多元，荷李活大片、日韓片、印度片、華語片、港產片……香港上映的電影，亦會同期在這邊上映。外語片都會配上馬來文和中文雙字幕，看電影不會變成聆聽測驗。

馬來西亞是電影愛好者的天堂，連窮人都可以盡情去看電影。

GSC 和 TGV 是兩大院線，大型商場甚至會有兩家電影院，不愁買不到票。

全大馬最貴的電影院位於 TRX 國際貿易中心，給有錢人極盡奢華的觀影體驗。雖然未去過，但我知道那邊的影廳除了豪華躺椅，還有附帶按摩功能的智能床椅。

IMAX、ONYX、ScreenX 270 度全景螢幕、4DX 動感座椅……這些不一樣的特別影廳，雖然香港也有，但我在香港和台灣的時候，根本沒那個心情去體驗。

電影院也提供半價的敬老票，所以我也不時帶媽媽去看電影。

未必和錢有關，這種事在香港就是不會去做，但來到大馬彷彿解了鎖，以最低的成本，die with zero！

媲美五星級酒店的豪華醫院

“

經歷過小H患上肺炎而入院治療，不得不讚馬來西亞的醫療品質。

第一次在馬來西亞過年，我和小H狂咳，由年初一咳到年十一。我痊癒了，但小H繼續咳，帶他去看醫生，吃完抗生素，退了燒，還是狂咳不止。小H一時食慾不振，一時跳跳蹦蹦，到了半夜又因為狂咳而嘔吐，病情反反覆覆。

「爸爸，我走不動了……」小H蹲在地上。

由於他沒力氣走不動，我就揹著他走去診所……

華裔的女醫生幫他量體溫，有發燒，需要再吃一遍抗生素。

「是因為他有哮喘嗎？」我看著小H，他咳嗽的樣子很痛苦。

「可能吧……現在要吸藥。」醫生也不是很確定，補上一句：「如果吃完抗生素還是這樣，我建議他去照X光。」

有些診所會有驗血的機器，有些診所甚至有蒸哮喘藥的呼吸機。

這邊看醫生疑似是按藥價來收費，藥單裡有抗生素的話，收費就會變貴。但在馬來西亞看醫生再貴，也不會比香港貴，尤其是專科，這邊的收費都是佛心價。

又過了一週，小H還是未復康，胸口會疼痛。

我終於帶他去看兒科的專科，醫生一用聽診器，面色即時變得凝重。

「是肺炎！我不開藥，直接給你去醫院的轉介信。」

一聽到是肺炎，我問了個很蠢的問題：「這是很嚴重的病嗎？」

「當然啊！血氧過低的話，可是會有生命危險，幾分鐘就會斷氣。」

一離開診間，小H立刻抱住我，哭著說：「我不想死……」我摸了摸他的頭，當下也不再怠慢，立刻叫車前往醫生推薦的醫院。

那一刻我很內疚，犯了天下爸爸的通病，誤信男子漢憑著天然免疫力，就可以戰勝病魔。

小H這輩子第一次住院，沒想到是在馬來西亞。

本來以為只是小病，想不到足足住了一個星期醫院。

我也想不到那一次住院，竟然是「愉快的體驗」。

時間回到我們踏入醫院正門的一刻。

「哇！好漂亮啊！這裡真的是醫院嗎？」

映入眼簾的是五星級酒店級數的華麗裝潢，大堂中間有個巨大的金魚缸，缸裡有活生生的熱帶魚游來游去。聽說這家醫院是現任國王開的，原意是招待王親國戚，但為了維持日常開支，還是開放給民眾入住。

在急症室做完檢查和診斷，確認了是肺炎，我們便上去兒童病房。

「耶！有大電視！」

小H雙眼亮了，用遙控器啟動電視，還發現有迪士尼頻道。

對我來說，最重要是獨立乾淨的廁所，還有陪睡的沙發床。

那張陪病床跟台灣的醫院竟是相同的款式……嗚，令我想起不堪回首的苦日子。

我們住的是（低級）單人房，一日四餐，除了下午茶，其他三餐的餐點都有五個選項，分別可選中式、西式、南亞風味或純素的餐點。我知道樓上有些premium高級單人房，布置真的跟酒店房間一樣，真好奇會有甚麼樣的服務，無奈我不想花這種錢。

回想過年前大S的新聞，比照小H的情況，真是捏了一把冷汗。肺炎是可大可小的病，絕對不容疏視。

大馬的私家醫院的裝潢華麗得極像五星級酒店。

在父母的眼中，小朋友在白天能跑能跳，哪想到一口氣喘不過來，短時間就會導致窒息。

經歷過這件事，我不得不讚馬來西亞的醫療品質，小H在診所遇見的醫生給的都是正確的意見，只是因為我偷懶，才延誤了就醫。對小孩的狀況，真的不能掉以輕心，**只要小孩吃完抗生素，還是反反覆覆高燒和狂咳，就一定要立刻前往醫院做檢查。**

每當孩子生病，對父母來說都是一大挑戰，生病是人生必經的事，擔憂都是為人父母必經的心情。我還以為熱帶地區比較不容易病，原來也是一樣，而且這邊會受到登革熱症的威脅，這也是我至今最害怕的事情。所以甚麼錢都能省，唯獨防蚊液的錢不能省。

人在異鄉，最難搞的事情就是小朋友生病，有一刻我感到相當無助。

這個也是單親家庭的痛點。

看著小H在病床上熟睡的樣子，我就知道世上除了我，就再也沒有其他人可以保護他了！

為父，要堅強！

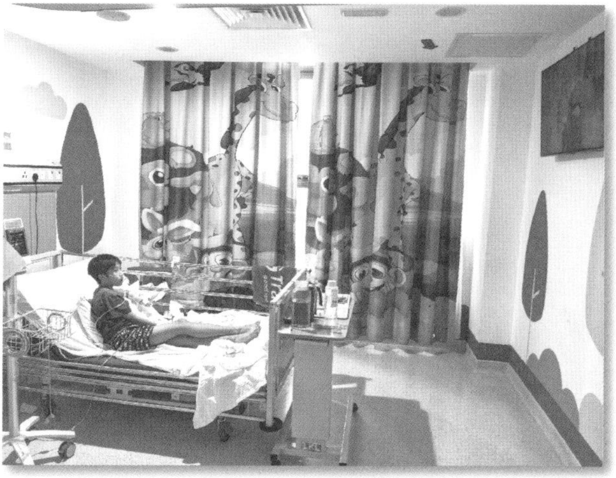

小Ｈ入住的兒童病房。

出院時，當我看見馬幣一萬多（港幣兩萬多）的帳單，霎時倒吸一口涼氣。

好在來這邊讀書，政府規定要買強迫性的醫療保險，所以我們這次可以入住私家醫院。由入住的一刻，我的經紀主動聯絡醫院，直接由保險公司代付大部分的費用，最後埋單我只是花費六百元（港幣千多元）（我加購了哮喘呼吸器和兩瓶哮喘噴霧）。

大馬這邊的私家醫院，設計得像酒店一樣，所以住院的感覺沒那麼苦，對病人和病人家屬來說都是好事。

住院七天，我們遇上非常活潑可愛的兒科醫生，她說自己有七十歲，但我還是感受到她懸壺濟世的熱忱。雖然她是華人，但她的華語是「有限公司」，只會聽不會說。在她安排的治療之下，小H止咳了，蹦蹦跳跳離開醫院。

當初向香港的朋友徵求升學意見，分別有人向我推薦馬來西亞和泰國。我不會考慮泰國，語言問題也是原因之一，畢竟馬來西亞華人多，一旦有甚麼急事，就算是老人家也可以和這邊的醫生溝通。

當爸媽，孩子一旦病了，世界彷彿變成黑白色。

看見孩子恢復神氣開開心心，世界也恢復色彩明朗！

農曆新年煙花狂爆不眠夜

“

大馬政府在二〇二三年放寬煙花爆竹的管制，尤其在祭拜天公的農曆正月初九淩晨到早晨，鞭炮煙花徹夜響個不停。

華人在海外保留傳統文化最成功的地區，我肯定是馬來西亞。

大馬有接近七百萬的華裔，幾乎等於一個香港。這邊有華人電台和報紙，有宗親會、同鄉會、商會此類的華人社團，還有完整的華文教育體系，圍出華人文化的結界。

華人最重視的節日是過年。

大馬有個很特別的過年習俗，就是親友圍坐一起「撈魚生」。玩法是準備一大盤魚生和配料，大家一起倒數，一同起筷，異口同聲唸出祝福語：「一帆風順！雙喜臨門！三陽開泰！四季平安！五福臨門！六六大順！七星報喜！八面玲瓏！九九同心！十全十美！」

這盤年菜本來層次分明、色彩繽紛，但在大家一陣亂拌之後，紅的蘿蔔絲，綠的青瓜絲，黃的柚子肉……筷子碰撞，叮叮咚咚，全部材料飛出盤子，四散在圓桌上面。寓意是「撈得風生水起」，高興就好，衛不衛生不重要。

另外還有「高樁舞獅」，那是舞獅界的天花板，當我第一次看見兩名舞獅者在高樁上跳躍翻騰，真是佩服他們的默契和膽量。

在大馬過年，比我想像中有氣氛，這邊居然可以放煙花。路邊的停車場豎起賣煙花的臨時攤，檔主給我的感覺就像軍火商。我牽著小H，買了一些仙女棒和沙炮，擔心會違法，便向檔主問個明白：「可以在哪裡放煙花？放煙花的地點有沒有限制？」

檔主二話不說，直接就在攤檔旁的行人道，點火抛出一枚「噴火龍蛋」。

「哇！好懷念。在香港玩煙花是違法的，我兒子連沙炮是甚麼也不知道。」

「這裡玩煙花本來也是違法的，政府在兩年前才解除禁令。」

「啥？」我吐出一句台灣土話。

攤主沒騙我，原來大馬政府在二〇二三年才放寬煙花爆竹的管制。這個禁令一直只是一紙空文，阻止不了無懼繳罰款的人民。禁令反而助長了走私，流入市場的煙火產品缺乏監管，更加容易釀成意外。既然如此，政府索性合法化，一來讓大家盡興慶祝，二來增加國家稅收，將地下市場轉到了檯面。

說起來，雖然台灣在法律上允許玩煙花，但我住了這麼多年，都不曉得在台北市哪裡買得到煙花，所以小

路邊賣煙花的臨時攤，一直開到年十四。

H從來未玩過煙花。

年初九那晚，我莫名其妙收到屋主的警告訊息：

「今晚 12AM 由窗口望出去，你會看見很多煙花。」

「WHAT？凌晨？」

「今晚拜天公。」

根據傳統，祭拜天公的時間在農曆正月初九凌晨到早晨，愈早愈好，因為天公的神格非常尊貴，因此愈早敬供愈有誠意。

果然如屋主所說，時間一到 11:55PM，我就聽到窗外狂放煙花和鞭炮的聲音！到了午夜十二點，聲音更加遼亮，衝天的煙花劈里啪啦此起彼落，照得整區好像不夜城似的！

我甚至第一次感受到煙花在窗外五十米爆開的威力！

一連串震耳欲聾的煙花狂爆，彷彿沒完沒了！

「好吵啊！」小H被吵醒了，揉了揉眼，又再沉睡。

在午夜時段綻放的煙花，響遍了本來寧靜的夜晚。

過了二十分鐘，我開始感到不對勁，心裡冒汗：「怎麼還未完的？大家明天都不用上班和上學嗎？外面的分貝肯定超標，這樣不會惹來警察嗎？附近的居民不會生氣嗎？吵得像轟炸一樣，要怎麼睡啊……」

結果一直到凌晨兩點，窗外還是不停傳來吵耳的響聲，令我整晚都睡得很不好。就算是維港放煙花，也只不過是十分鐘，而當晚斷斷續續竟然放了兩小時的煙花。

嗚……我忽然希望政府再立例禁煙花。

翌日，我帶著熊貓眼，問涼茶舖的店員大姐：「通宵放煙花，馬拉人都不會投訴嗎？」

大姐笑呵呵地說：「拜天公放煙花是福建人展現團結的機會，所以他們都買最貴的大煙花，射上百尺天空耀武揚威。對於鄰居投訴這回事，只要交罰款就可以解決。」

真的假的？如果她這番話是真的，這樣的事確實很有大馬特色。

FB偶然彈出群組訊息，附近地區的華人在網上呼籲：「各位兄弟姊妹！一年一度展現華人財氣的日子來了！我們一起炸爆天空，這樣過年才有年味，對不對？」

滿天都是煙花，再加上炸街的爆竹，我朋友家的小狗因此得了PTSD。

餘煙造成空氣污染，害得我和小H狂噴鼻涕打噴嚏。

一直到年初十五，窗外還是偶然會傳來刺耳的煙花爆破聲。

入鄉隨俗，對我來說始終是很特別的體驗，我就當是坐在VIP席免費觀賞煙花吧！

放假買五百元機票去馬爾代夫

> 讓人生的體驗最大化，懂得花錢才是最好的投資。在有限的生命裡，用有限的資源，有智慧地花錢，活出最有價值的每一天。

「藍天白雲，椰林樹影，水清沙白……」

每個跟我差不多年紀的香港人，都會記得麥兜[1]這一段獨白，小小的電視畫面出現的景點，正是麥兜念念不忘的馬爾代夫。

對年輕人和小孩來說，麥兜是好笑的故事。

長大了，成為大人和父母，我們漸漸明白並不好笑，一切對白都是笑中有淚。

當我搜尋機票的時候，發現馬來西亞原來距離馬爾代夫很近……可能因為兩個地方都是「馬」字開頭。我見過最便宜的來回機票，只是馬幣五百多！

「你想去馬爾代夫嗎？」我問小H。

1 《麥兜故事》是一部於二〇〇一年上映的香港動畫電影，講述單純可愛的小豬麥兜在平凡生活中追尋夢想的故事。通過幽默溫馨的劇情，展現樂觀精神與人生哲理，深受觀眾喜愛。

「馬爾代夫是甚麼？」小H未看過麥兜的影片，我坐在他身旁，立刻上網搜尋。陪伴孩子看港產的卡通片，就是一種潛移默化的文化傳承。

「爸爸有閒錢，放假就帶你去馬爾代夫吧！」

我定下了要帶小H去馬爾代夫的目標。

麥兜在單親家庭成長，但他的媽媽用盡方法給他最好的一切。兩張纜車票變成了飛機票，異國的海鮮是媽媽在冰箱準備好的魚。就算做不到，也會給孩子白色的謊言，讓他徜徉在憧憬的美夢之中。

當我帶兒子抵達馬爾代夫的一刻，也許我會感到失望，現實無法超越幻想的美麗。

但這段旅程將是我們父子倆共同的回憶。

那場旅行的意義，並不在於風景，而在於兩個人曾一起走過那段路，一起將幻想變成現實。當有一天他長大了，想起我為他做過的事，為了省錢而做的一切……他就會明白爸爸的愛。

網上討論區有句心酸話：「窮人唔好生仔。」

但我相信生命自會找到出路，窮則變，變則通，大多數人都在怨天恨地，只有少數人有勇氣去改變命運。

我未必可以像富人一樣，給小H最好的一切，但我願意為他付出我擁有的一切，兩父子結伴走天涯，許他一個無憂無慮的童年。

有一本暢銷書叫《*Die With Zero*（別把你的錢留到死）》。賺錢的目的，是讓人生的體驗最大化，懂得花錢才是最好的投資。在有限的生命裡，用有限的資源，有智慧地花錢，活出最有價值的每一天。

雖然我的錢不多，但我想辦法將單親逆轉成為「優勢」，一步步實現心中的計劃，最後說到做到，帶著兒子展開度假式的育兒生活。

相信大家對不丹最深刻的印象，就是那是世上最快樂的國家。

事實上，經過十多年，尤其在疫情之後，不丹人民的生活變得相當悲慘。年輕人看不見希望，都要出國謀生。這種心態改變的深層原因，源於年輕一代透過手機上網，看見了不丹以外的花花世界。他們紛紛離鄉，追求螢幕上另一個世界的光亮。

價值觀受到了衝擊，內心很難保持平靜，在藏傳的佛教中，慾望正是導致痛苦的主要根源之一。

如果現在再做一次「幸福指數」的調查，不丹人民一定大不如前。

幸福就是人與人之間的互相比較吧！

雖然說做人要知足，但要鍛煉出這樣的心境，實在是極難的修行。這世上的得道高僧永遠是極少數，芸芸眾生都要面對生活壓力。

身為香港人，始終是一件幸福的事，因為大部分香港人有錢，英文又好，所以都有選擇的機會，要移居其他國家亦不是難事。

《別把你的錢留到死》，比爾・柏金斯 著，吳琪仁 譯，台灣遠流出版。

香港人跟香港人比較，很少會覺得自己幸福。

但倘若跟其他國家的人民比較，香港人毫無疑問是幸福的！

來了大馬生活，我更加因為香港人的身分而自豪。

這大概就是旅居的意義，更了解這個世界，就能以更客觀和豁達的心態看待人生。

這世紀的人比上世紀的人幸運，可以自由出國，像遊牧民族一樣，選擇心目中理想的居所。

百年前，窮苦的難民擠在紅頭船，冒著大風大雨，拚命才登陸異鄉的岸灘。

假如生活壓得你喘不過氣，你也可以像我一樣，不妨跳出熟悉的圈子，給自己和孩子一年休息的時間。

買兩張機票，翻轉人生。

當年買的機票，讓小H來到馬來西亞上夏令營，也為我帶來靈魂共鳴的感動，繼而做出要帶他到這邊升學的決定。

一年過去，有朋友問過我後不後悔，我想也不想就回答：

「不來才後悔呢！」

在大馬的生活充滿新鮮感，我每一天都有口福，一有空就去探索未知的店舖。換了新環境，不只是孩子，連大人都過得很快活。

馬爾代夫，那是一場幼稚又可愛的幻想，但我這個人會嘗試將夢想變成現實。

學歷重要、成就重要……

但童年只有一次，父母的陪伴才是最重要的。

小H踩著我的大影子，我也踩著他的小影子。

「**爸爸，I LOVE YOU！**」

「**ME TOO！**」

讓孩子翻轉人生的那張機票

——父與子闖大馬！數碼遊牧旅居×國際學校留學

作　　者——天航
攝　　影——天航
封面設計——廖振堯
排　　版——@freeflow.imagination、廖振堯
編　　輯——阿丁 Ding

出　　版——格子盒作室 gezi workstation
郵寄地址：香港中環皇后大道 70 號卡佛大廈 1104 室
網上書店：gezistore.company.site
臉書：www.facebook.com/gezibooks
IG：www.instagram.com/gezi_workstation
電郵：gezi.workstation@gmail.com

發　　行——一代匯集
聯絡地址：九龍旺角塘尾道 64 號龍駒企業大廈 10B&D 室
電話：2783-8102
傳真：2396-0050

承　　印——美雅印刷製本有限公司
出版日期——二〇二五年七月（初版）
國際書號——ISBN 978-988-75726-7-1